ANJA KLEIN
VÉRO MISCHITZ

Hochbeet für Ahnungslose

KOSMOS

Inhalt

Anja

Anja ist bereits mit einem grünen Daumen auf die Welt gepurzelt. Sie kann sich nicht daran erinnern jemals nicht in der Erde gewühlt zu haben. Im Sommer trifft man sie in der Regel in ihrem Schrebergarten, einem wilden bunten Fleckchen Erde, in dem Blumen, Gemüse und zahlreiche fliegende, krabbelnde und kriechende Bewohner einvernehmlich miteinander wachsen und gedeihen. Ihre große Liebe gilt alten Gemüsesorten, vor allem den Bohnen, mit ihren wunderschönen Kernen, und natürlich dem Anbau in Hochbeeten. Damit der auch dir gelingt, hat sie die Schaufel kurzerhand gegen einen Füller ausgetauscht und ihr Hochbeet-Wissen für dich aufgeschrieben.

VÉRO

Véro ist Biologin mit einem großen Herz für alles, was kreucht, fleucht, blüht und pilzt. In ihrem Garten finden Wildkräuter und selten gewordene Pilze ebenso ein Zuhause wie alte Tomatensorten, Stachelbeeren und Snackgurken (so lecker!). Was von außen manchmal etwas verwildert wirken kann, ist in Wahrheit ein möglichst naturnahes Fleckchen Erde, auf dem sich Maulfwurfsgrille und Hausrotschwanz gute Nacht sagen. Für KOSMOS schreibt und illustriert Véro Naturführer, die Begeisterung wecken für die vielen kleinen Wunder direkt vor unserer Haustür, und hin und wieder auch mit großer Freude Gartenbücher wie das, was du gerade in Händen hältst.

DAS KLEINE HOCHBEET 1X1

Supidupi
Holzlasur
RICHTIG GUT!

Must-haves für Hochbeet-Anfänger

Ein Hochbeet ist quasi ein kleines Gemüse-Kraftwerk, das fast von selbst läuft. Einmal aufgesetzt, macht es nur noch wenig Arbeit und die Ernten können sich wirklich sehen lassen. Gemüse wächst in Hochbeeten phänomenal gut. Unkraut ist kein großes Thema und Schädlinge auch nicht. In der warmen Hochbeet-Erde kannst du früher mit dem Gärtnern beginnen, mit einem Frühbeet-Aufsatz die Gemüse-Saison verlängern und so fast rund ums Jahr leckeres Bio-Gemüse, Kräuter und Salat ernten.

10 gute Gründe für ein Hochbeet

1 Die Erde ERWÄRMT sich früher und du kannst früher anbauen.

2 Die Erde bleibt außerdem LÄNGER WARM. Du kannst entsprechend länger anbauen.

3 Dank der hohen Nährstoffdichte kannst du mit einer üppigeren Ernte rechnen.

4 Du musst dich weder bücken noch viel auf den Knien arbeiten.

5 In einem Hochbeet hast du mit weniger Unkraut zu kämpfen.

6 Auch Schädlinge machen dir in der Regel nicht so sehr zu schaffen.

7 Installiere ein Bodengitter. Das hilft dabei, Wühlmäuse fernzuhalten.

8 Ein Hochbeet eignet sich perfekt, um deinen Grünschnitt direkt zu verwerten.

9 Bodenermüdung gehört mit einem Hochbeet der Vergangenheit an.

10 Das Hochbeet ermöglicht dir den Anbau auch auf versiegelten Flächen sowie nährstoffarmen und belasteten Böden.

Wo ist der Haken?

1. Vor dem Ernten kommt das Bauen.

Wenn du Gemüse im Hochbeet anbauen willst, musst du natürlich erst mal ein Hochbeet anschaffen. Egal ob du dich für einen Fertig-Bausatz oder für ein Hochbeet Marke Eigenbau entscheidest, beides kostet in der Regel Geld (außer natürlich du hast noch irgendwo einen Haufen geeignetes Baumaterial liegen oder das große Glück, dass dir jemand ein Hochbeet schenkt). Ist logisch, aber diese Kosten fallen nicht an, wenn du direkt in der Erde anbaust. Und auch die Arbeit, die der Bau eines Hochbeets macht, hast du nicht bei erdgebundenen Beeten. Andererseits macht so ein Bauprojekt auch Spaß und bringt deine „Bob der Baumeister"-Skills zum Vorschein. Hast du nicht? Keine Angst, auf Seite 22-23 gibt es eine Bauanleitung, die auch Menschen mit zwei linken Händen problemlos bewältigen können.

2. Da geht ganz schön was rein.

Dann natürlich die Füllung: In ein Hochbeet passt eine Menge organisches Material rein, vieles davon kommt aus deinem Garten. Du kannst so zum Beispiel deinen Grünschnitt im Gartenkreislauf halten, aber wahrscheinlich musst du auch ein paar Säcke Erde zukaufen. Wie ein Hochbeet richtig befüllt wird, zeige ich dir auf Seite 24.

3. Immer wieder auffüllen.

Der letzte Punkt auf meiner Gut-zu-wissen-Liste ist das Nachfüllen. Bedingt durch den speziellen Aufbau (siehe Seite 24) sackt ein Hochbeet im Verlauf der Garten-Saison ein. Das ist ganz normal, heißt aber, du musst im Herbst oder im Frühling neue Erde nachfüllen. Im Idealfall erzeugst du die selbst mit deinem Komposthaufen. Vielleicht fallen bei dir auch große Mengen Laub an, die schnell verrotten und im Hochbeet gut aufgehoben sind. Alternativ kannst du dein Hochbeet mit gekaufter Erde auffüllen. Außerdem verrate ich dir an Seite 120 ein paar Tricks, wie und wann du das mit dem Auffüllen am besten angehst.

Marmor, Stein und Eisen bricht

Es gibt Hochbeete aus Holz, Metall, Stein und auch welche aus Kunststoff. Jedes Material hat seine Vor- und Nachteile. Ich habe in meinem Garten überwiegend Hochbeete aus Holz, ein paar aus Metall und auch eins aus Stein. Hochbeete aus Kunststoff habe ich keine, ich mag natürliche Materialien einfach lieber.

Holz

Mein Lieblingsmaterial, ein nachwachsender organischer Rohstoff. Ich mag, wie sich die Oberfläche mit der Zeit verändert und zu einem natürlichen Teil des Gartens wird. Holz ist leicht zu bekommen, leicht zu bearbeiten und relativ preiswert. Fertige Holz-Hochbeete oder Bausätze gibt es für jeden Geldbeutel. Ich habe viele meiner Beete selbst aus dicken Baudielen zusammengeschraubt (siehe Seite 22). Baudielen sind super stabil, günstig und aufgrund ihrer Dicke lange haltbar. Die ersten Beete, die ich aus Baudielen gebaut habe, sind inzwischen 8 Jahre alt und noch gut in Schuss. Der ständige Kontakt mit feuchter Erde führt allerdings mit der Zeit dazu, dass das Holz verrottet und irgendwann ersetzt werden muss. Bei Fichtenholz geht das relativ schnell. Harte Hölzer wie Eiche, Robinie oder Lärche verrotten viel langsamer, sind aber auch teurer.

Metall

Bei Hochbeeten aus Metall ist Haltbarkeit kein Thema. Die kannst du sogar noch deinen Kindern und Enkelkindern vererben. Mit Blick auf die lange Lebensdauer lässt sich dann auch der etwas höhere Preis verkraften. Stabile Hochbeete aus Metall sind nicht gerade günstig und selbst bauen ist bei dem Material eher nicht drin. Optisch machen Metall-Hochbeete aus Cortenstahl mit ihrer rostigen Oberfläche ganz schön was her.

Stein

Das Steinbeet in unserem Garten ist in Trockenbauweise gesetzt, das heißt, die Steine sitzen lose (ohne Mörtel) mit einer leichten Neigung nach innen aufeinander. Das geht bei runden Beeten sehr gut. Stabil wird es durch die Erde, die von innen an die Steine drückt und eben durch die Neigung. Die offenen Fugen bieten Lebensräume für zahlreiche Insekten und Wildbienen. Rechteckige Steinbeete solltest du mauern und wo die einmal stehen, stehen sie.

Kunststoff

Hochbeete aus Kunststoff gibt es in meinem Garten keine. Natürliche Materialien gefallen mir einfach besser. Außerdem: Metall und Steine halten ewig. Holz kann ich auf den Kompost geben, wenn es morsch wird. Wenn Kunststoff spröde wird – und das dauert, wenn er der Witterung ausgesetzt ist, gar nicht mal so lange –, wird er zu Sondermüll.

So verlängerst du die Lebensdauer von Hochbeeten aus Holz!

VLIES

Unsere beiden Bausatz-Hochbeete aus Holz sind innen mit einem Vlies ausgekleidet ...

HOLZLASUR

... zusätzlich haben wir sie von außen mit Bio-Holzlasur vor Feuchtigkeit geschützt. Bei unseren Baudielen-Beeten haben wir auf Schutz verzichtet. Sie sind weder mit Folie ausgekleidet noch mit Lasur von außen behandelt. Wie bereits erwähnt, das älteste hat jetzt 8 Jahre auf den Brettern und hält immer noch. Das liegt aber einfach an der Dicke der Dielen. Wenn du dünnere Bretter verwendest, solltest du sie schon schützen.

NOPPENFOLIE

Noppenfolie hält Feuchtigkeit am zuverlässigsten fern. Schwarze Teichfolie finde ich persönlich aber unauffälliger als Noppenfolie.

Teichfolie

Noppenfolie

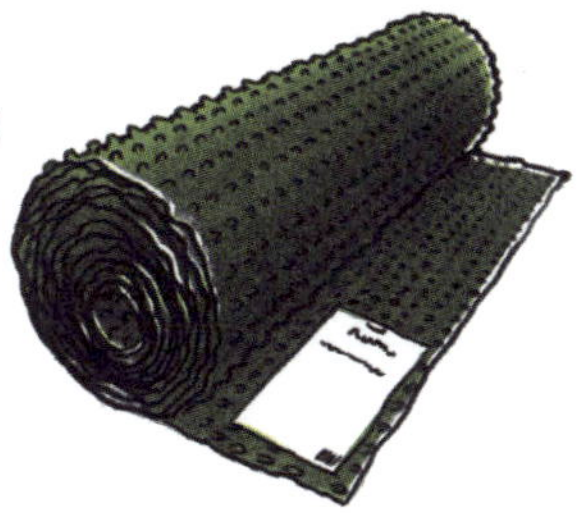

TIPP: die Folie schützt das Beet an den Seitenwänden. Unten ist es offen, damit fleißige Würmchen gut rein- und rauskommen!

WÜHLMÄUSE

Absolut empfehlenswert ist in jedem Fall ein Bodenschutz gegen Wühlmäuse. Für die herrschen in einem Hochbeet paradiesische Bedingungen, es ist warm, trocken und der Vorratsschrank ist stets gut gefüllt. Wir haben deshalb alle unsere Hochbeete auf ein stabiles Gitter mit einer Gitterweite von 6 mm gesetzt. Schneide das Gitter so zu, dass du es am Rand zwei oder drei cm nach oben umklappen kannst (siehe Seite 22). So haben die Wühlmäuse wirklich keine Chance auf eine Luxus-Maisonette mit All-you-can-eat-Buffet.

Gutes Werkzeug: Diese 8 Dinge brauchst du

1. GARTENSCHERE

Irgendwas muss immer mal abgezwickt werden. Dafür brauchst du eine anständige Gartenschere, bei der du die Klingen austauschen kannst. Achte beim Kauf darauf, dass die Schere gut in deiner Hand liegt. Es gibt Modelle in verschiedenen Größen. Ich verwende ein Linkshänder-Modell.

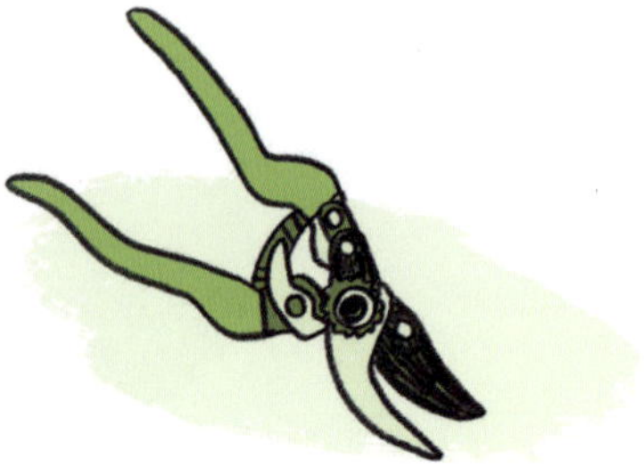

2. HORI-HORI

Für mich der Allrounder schlechthin. Ich nutze es, um die Erde zu lockern, Unkraut zu entfernen, Pflanzlöcher zu graben, Saatrillen zu ziehen. Durch die praktische Zentimeter-Skala auf der Scheide kann ich damit sogar die Pflanzabstände und Pflanztiefen messen.

3. HANDSCHAUFEL

Wenn ich doch mal größere Pflanzlöcher machen muss, nehme ich dafür meine halbrunde Pflanzschaufel mit stabilem Holzgriff.

4. GIESSKANNE MIT BRAUSEKOPF

Gönn dir eine anständige Gießkanne. Modelle aus Metall sind haltbar und schön, bringen aber einiges an Eigengewicht auf die Waage. Wenn du dich für Kunststoff entscheidest, dann wähle einen haltbaren, der nicht ausbleicht und nicht so schnell Risse bekommt.

5. GRUBBER

Den Grubber (mit kurzem Stiel) brauchst du vor allem zu Beginn der Hochbeete-Saison, um die Erde schön gleichmäßig zu verteilen und ein feines Saatbeet zu bereiten.

6. ERNTEMESSER

Natürlich kannst du dein Gemüse auch mit einem kleinen Haushaltsmesser ernten. Mit der Erntehippe geht's aber ein kleines bisschen besser und ich finde es praktisch, dass ich nach der Ernte die Klinge einfach einklappen kann.

7. HANDSCHUHE

Zugegeben, ich wühle oft mit bloßen Händen in der Erde, braune Ränder unter den Fingernägeln inklusive. Passt aber nicht immer und lässt sich auch nicht immer so einfach entfernen. Deshalb habe ich, für Tage, an denen die Hände sauber bleiben sollen, ein ganzes Arsenal an Gartenhandschuhen in der Schublade. Meine Favoriten: ein dünnes Modell mit gummierter Vorderseite und gummierten Fingerkuppen. Hält leider nicht ewig, irgendwann werden sie undicht. Für grobe Arbeiten, wie Hochbeet voll- oder leerschaufeln, ziehe ich Handschuhe aus Leder an. Die schützen vor Dreck und vor Blasen an den Händen.

8. ERNTEKÖRBE

Ich verwende zum Ernten gerne Körbe aus Metalldraht. Für empfindliches Gemüse oder Obst nehme ich lieber kleine Holzkistchen oder Spankörbe.

DEIN ERSTES HOCHBEET

EIN PLATZ AN DER SONNE
SEITE 20

SO BAUST DU DEIN EIGENES HOCHBEET
SEITE 22

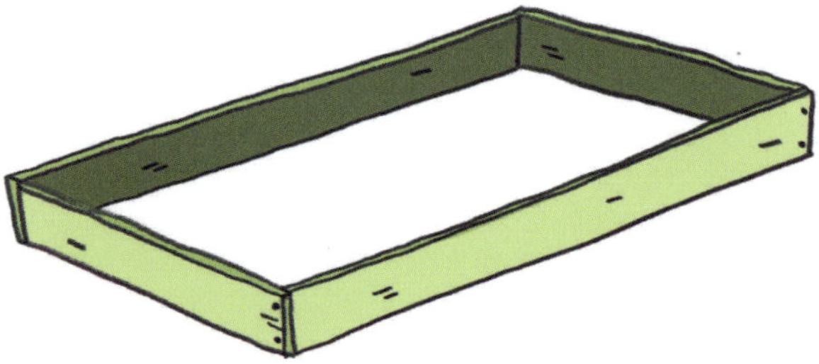

DA GEHT GANZ SCHÖN WAS REIN!
SEITE 24

ALTERNATIVE FÜLLMATERIALIEN
SEITE 26

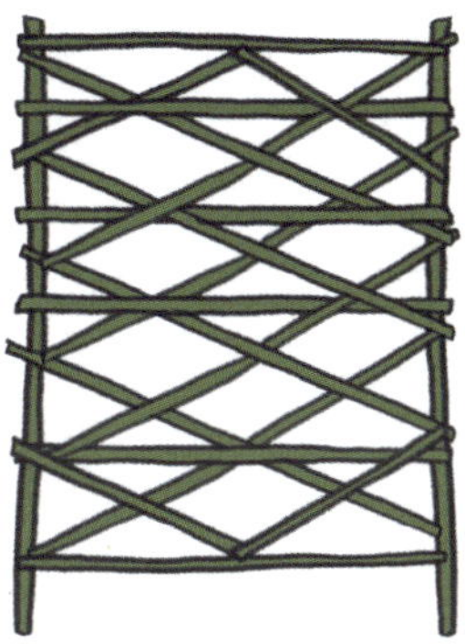

RANKHILFEN FÜR GURKEN, ERBSEN, BOHNEN UND CO.
SEITE 28

FRÜHBEET-AUFSATZ UND ANDERE BEETFORMEN
SEITE 30

Ein Platz an der Sonne

Gemüse braucht Sonne zum Wachsen, mindestens 6 Stunden täglich sollten es schon sein. Mehr Sonnenstunden vergrößern die Auswahl an Gemüse, das du pflanzen kannst. Such also für dein Hochbeet einen schönen sonnigen Standort in deinem Garten aus.

Wenn es möglich ist, richte dein Hochbeet so aus, dass die kurzen Seiten nach Osten und nach Westen zeigen. Dann bekommen alle Reihen gleich viel Sonne ab.

Du kannst das Beet aber auch mit den kurzen Seiten nach Norden und Süden ausrichten, wenn es der Platz in deinem Garten nicht anders zulässt. Dann solltest du beim Bepflanzen darauf achten, dass die hohen Gemüsesorten in den hinteren (nördlicheren) Reihen stehen, damit sie die anderen Pflanzen nicht zu sehr beschatten.

Wir wollen volle Sonne [6 Stunden und mehr]:

Wir können ein wenig Schatten ab [mind. 4 Stunden Sonne]:

DIY – So baust du dein eigenes Hochbeet

1. Rahmen

Unser Hochbeet besteht aus DREI RAHMEN übereinander. Nimm dir für den ersten Rahmen zwei 2-m-Bretter und zwei 1-m-Bretter und schraube sie an den Ecken mit je zwei Spax-Schrauben zusammen. Die weiteren Rahmen ebenso zusammenschrauben.

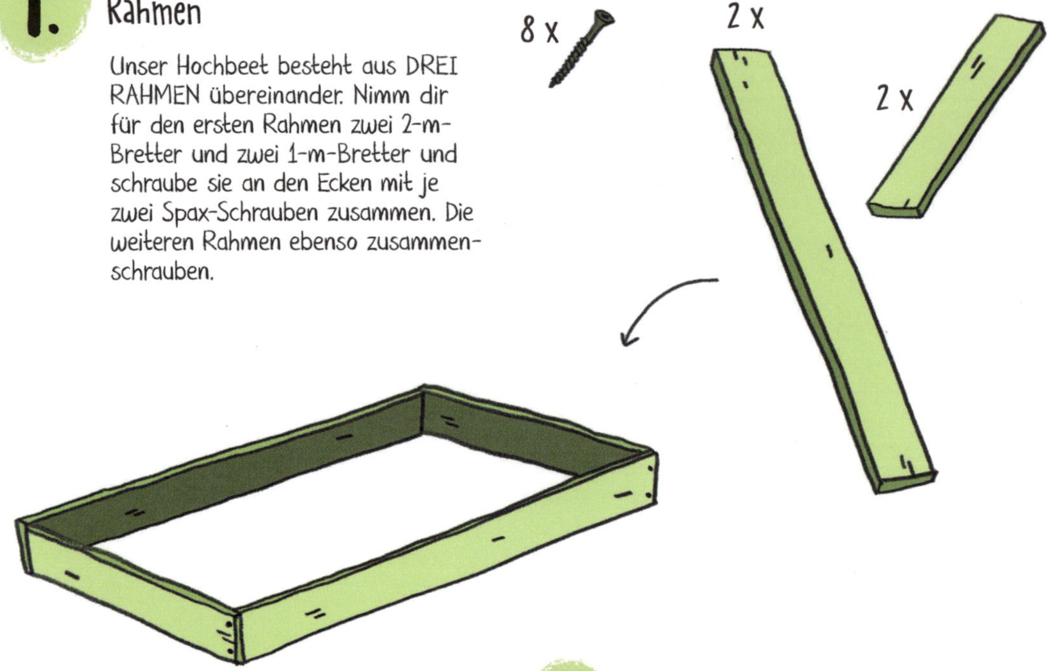

2. Wühlmausgitter

An einem der Holzrahmen bringst du das Wühlmausgitter an. Zieh dir dafür am besten Handschuhe an, denn das Gitter piekst. Lass das Gitter an den Rändern etwas überstehen. Alle 10 cm schlägst du einen Nagel zur Hälfte ein und dann krumm, um das Gitter zu befestigen. Achte darauf, dass das Gitter fest aufliegt. Die überstehenden Ränder biegst du nach oben um, so haben die Wühlmäuse keine Chance, von unten in dein Hochbeet zu kommen.

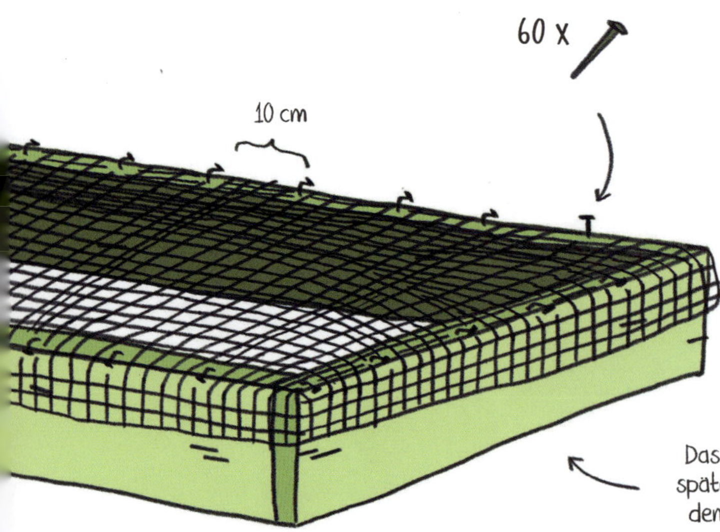

Das Gitter liegt später direkt auf dem Erdboden.

3. Eckpfosten

Lege den Rahmen mit dem Gitter auf die vorbereitete Beetfläche. Prüfe die Ausrichtung mit der Wasserwaage. Wenn das Beet schief steht, fließt später das Gießwasser in eine Richtung und die Pflanzen bekommen unterschiedlich viel Wasser. Lege die anderen beiden Rahmen auf den ersten Rahmen. In jede Ecke kommt ein Eckpfosten. Verbinde ihn mit je einer Schraube pro Rahmen und Seite, also sechs Schrauben pro Pfosten.

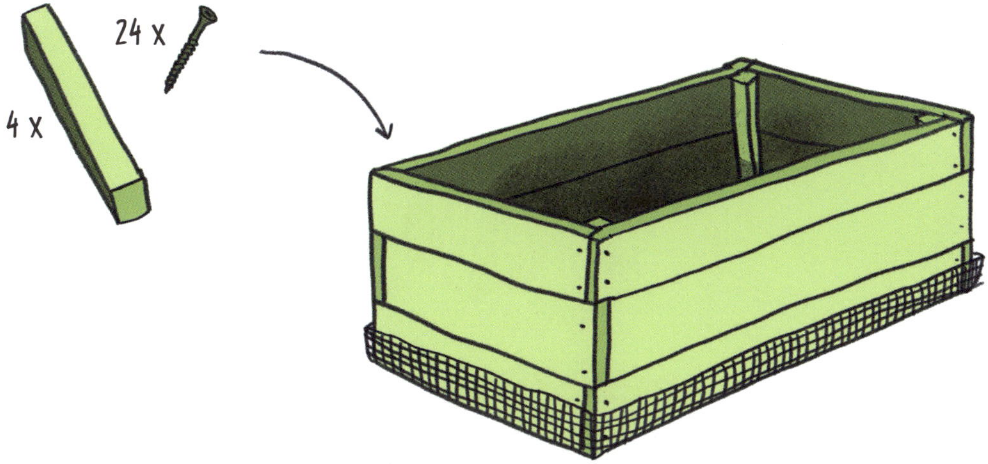

Das brauchst du:

FÜR EIN HOCHBEET (2 × 1 × 0,6 m)

- [ ] 6 × 2 m lange Baudielen aus Fichte, 4 cm dick, 20 cm hoch
- [ ] 6 × 1 m lange Baudielen aus Fichte, 4 cm dick, 20 cm hoch
- [ ] 4 × 60 cm lange Vierkanthölzer, Durchmesser 5 × 5 cm
- [ ] 48 Spax-Schrauben, 70 mm lang
- [ ] Akkuschrauber
- [ ] Wühlmausschutz: 2,1 m lang, 1,1 m breit, Maschenweite 6 mm
- [ ] Handschuhe
- [ ] 60 Nägel, 20 mm lang
- [ ] Hammer, Wasserwaage und evtl. eine Säge, wenn du das Holz selbst zuschneiden willst

FÜR DIE FÜLLUNG

- [ ] Grobe Äste und Heckenschnitt
- [ ] 1 m^3 groben Kompost, Grünschnitt oder Rasensoden
- [ ] 0,5 m^3 feinen Kompost
- [ ] 7 bis 10 70-l-Säcke torffreie Blumenerde

Da geht ganz schön was rein!

Voilà, dein Hochbeet steht und kann befüllt werden. Zuerst füllst du den groben Ast- und Heckenschnitt rein. Das Hochbeet kann ruhig zu einem Drittel voll werden. Hüpf zwischendurch immer mal wieder im Beet herum, damit sich die Schicht etwas verdichtet. Dann sackt die Erde in deinem Hochbeet später nicht so sehr ein.

Die nächste Schicht besteht aus grobem Kompost, Grünschnitt oder Rasensoden. Nimm einfach alles, was du hast. Einzige Einschränkung: Hartnäckige Wurzelunkräuter wie Ackerwinde sollten lieber draußen bleiben. Auch diese Schicht solltest du durch Hüpfen etwas verdichten. Dein Hochbeet ist jetzt zu gut zwei Dritteln gefüllt. In deiner Kompostmiete ist jetzt hoffentlich noch reichlich feiner Kompost. Fast geschafft: nach 2 Wochen kannst du ca. zehn Säcke torffreie Blumenerde einfüllen.

Aufbau der Schichten + kleine Materialkunde

1. AST- UND HECKENSCHNITT - fällt in einem Garten über Winter meist reichlich an, du musst das Material nur grob zerkleinern, die Dicke der Äste spielt keine Rolle, von armdick bis bleistiftdick geht alles, auch trockener Staudenschnitt ist für diese Schicht gut geeignet. Die Schicht sorgt für langfristigen Nährstoff-Nachschub in deinem Hochbeet.

2. RASENSODEN - sind im Hochbeet Gold wert, schichte sie mit der grünen Seite nach unten auf den Ast- und Heckenschnitt. Das hat zwei Vorteile - das Material wird durch das Gewicht verdichtet und sackt später nicht so stark ein und Rasen enthält viel Stickstoff, dein Gemüse wird sich dafür mit starkem Wachstum bedanken.

3. GRÜNSCHNITT - darunter fällt dein Rasenschnitt, Gemüseabfälle oder auch der Rückschnitt von bereits belaubten Zweigen. Das grüne Material verwelkt schnell, produziert dabei viel Wärme und setzt nach einiger Zeit Nährstoffe frei. Verwende es zusätzlich oder anstelle des groben Komposts.

4. GROBER KOMPOST - das Material ist schon braun und feucht, aber es sind noch viele grobe Stücke darin enthalten, im Hochbeet wird er sich weiter zersetzen und für Wärme sorgen, perfekt für die zweite Schicht. Sieben musst du ihn nicht, hau ihn einfach in dein Hochbeet.

5. TORFFREIE GEMÜSEERDE - Dein Hochbeet ist voll und du fragst dich, wo die torffreie Gemüseerde noch hinsoll? Warte 1 bis 2 Wochen ab, die Hochbeet-Füllung wird sich in der Zeit soweit setzen, dass du ohne Probleme die zehn Säcke reinschütten kannst. Warum überhaupt Erde als letzte Schicht? Sie ist frei von Unkrautsamen und dein Gemüse kann ungestört wachsen und du musst nicht jäten.

Alternatives Füllmaterial

1. Holzhäcksel

Damit kannst du die unterste Schicht gut ersetzen. Häcksel werden in großen Säcken angeboten, nimm auf jeden Fall unbehandelte Häcksel. Es gibt auch welche, die eingefärbt sind, diese bitte nicht verwenden.

2. Holzscheite

Du kannst auch Holzscheite dicht an dicht als unterste Schicht in dein Hochbeet stapeln. Sie brauchen etwas länger, bis sie verrotten, das hat aber den Vorteil, dass die Erde in deinem Beet in den ersten Jahren nicht so stark absinkt.

3. Pferdemist

Anstelle von grobem Kompost kannst du gut Pferdemist verwenden. Den gibt es oft über Kleinanzeigen umsonst in der näheren Umgebung abzuholen. Achte dabei nur darauf, dass die Pferde keine Medikamente bekommen und bevorzuge abgelagerten Pferdemist. Frischer entwickelt eine recht hohe Temperatur, da wartest du dann mit dem Bepflanzen des Beetes besser noch 1 bis 2 Wochen nach dem Füllen.

4. Kompost

Wenn du keinen eigenen Kompost hast, frag mal bei deinen Stadtwerken oder einem Wertstoffhof nach. Dort gibt es oft Kompost aus städtischer Produktion günstig zu erwerben. Aber auch im Gartencenter kannst du abgepackten Kompost in Säcken kaufen.

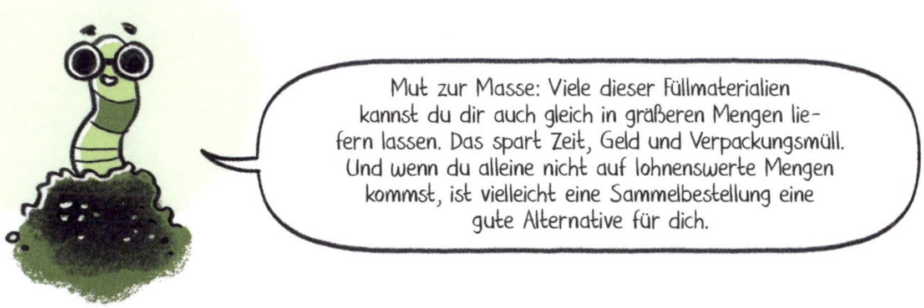

Hoch, höher, am höchsten! Rankhilfen für Gurken, Erbsen & Bohnen

REISIG

Für Erbsen und Bohnen reichen einfache Rankhilfen aus Reisig. Leg dir also etwas Heckenschnitt zurück, du kannst ihn in ein paar Wochen gut brauchen. Er wird einfach in zwei Reihen, direkt neben der Saat, ins Beet gesteckt. Hat auch den Vorteil, dass Vögel nicht so gut an die frisch gesäten Kerne rankommen.

HASELNUSS, WEIDE, BAMBUS

Ein bisschen stabiler, öfter einsetzbar und zudem noch hübscher ist eine SELBST GEBAUTE RANKHILFE aus Haselnuss, Weide oder Bambus. Das Material richtet sich danach, was in deinem Garten verfügbar ist. Wie das geht, siehst du auf der nächsten Seite.

METALL

Eine preiswerte Variante sind einfache Estrichmatten aus dem Baumarkt. Damit kannst du auch einen schönen Rankbogen zwischen zwei Hochbeeten bauen und das Gemüse kann sich gegenseitig besuchen. Pflanzen wie Paprika und Snackgurken, die sich nicht von alleine an Rankhilfen festhalten, können einen Zylinder aus Estrichmatten wunderbar durchwachsen. Und wenn das alleine nicht reicht, befestige ich die Triebe einfach mit papierummantelten Drahtbindern an den Rankhilfen.

DIY-Rankhilfe aus Bambusstäben

Für eine ca. 1 m hohe und 1 m breite Rankhilfe brauchst du:

[ ] Bindedraht
[ ] 16 x 1,2 m lange Bambusstäbe, Ø ca. 5 mm
[ ] 2 x 2 m lange Bambusstäbe, Ø ca. 10 bis 15 mm

Arbeite auf einer ebenen Fläche, die etwas größer ist, als dein Gitter werden soll. Beginne mit zwei Stäben und lege sie diagonal übereinander.

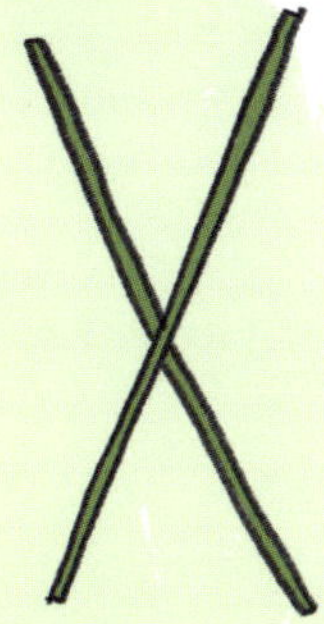

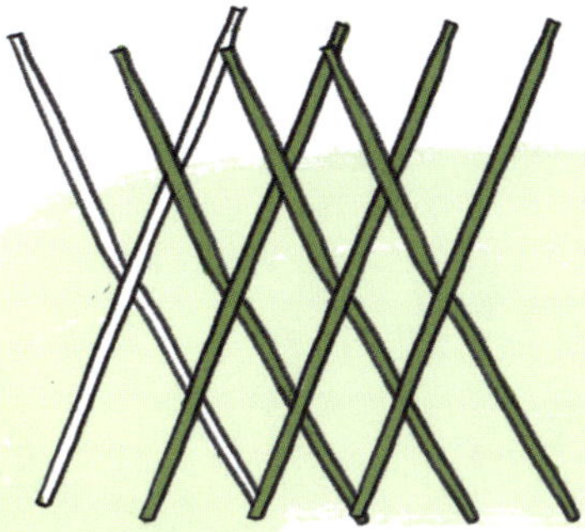

Lege das nächste Stabkreuz 10 cm versetzt auf das erste. Fahre so fort, bis du acht der 1,20-m-Stäbe verbraucht hast.

Die Stäbe verrutschen leicht, du kannst sie mit Bindedraht untereinander fixieren, dann geht es einfacher. Lege jeweils einen Stab an das Ende des Gitters und fixiere ihn mit Bindedraht an den gekreuzten Stäben. Halbiere zwei weitere Stäbe, lege sie in die Ecken und fixiere sie mit Draht an den Randstäben.

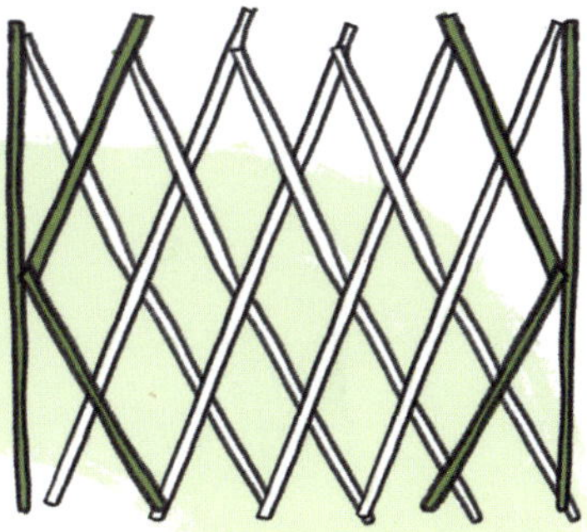

Flechte jetzt die dünnen Stäbe von rechts und links an den Kreuzungspunkten in das Gitter. Durch das Einflechten wird das Gitter sehr stabil. Im Beet befestigst du es mit Draht an den beiden langen Stäben, die du tief in die Erde steckst.

Frühbeet-Aufsatz und andere Beetformen

Frühbeet-Aufsatz

Wir haben einen fertig gekauften Frühbeet-Aufsatz und einen selbst gebauten. Der fertig gekaufte Frühbeet-Aufsatz ist gut für die Überwinterung von Wintergemüse und für die frühe Anzucht von Frühlingsgemüse geeignet. In den Sommermonaten bauen wir ihn ab und lagern ihn platzsparend in der Laube. Der selbst gebaute bleibt ganzjährig auf dem Beet. Im Sommer nutzen wir ihn zum geschützten Anbau wärmeliebender Pflanzen.

Kartoffel- oder Erdbeerturm

Bevor wir unsere Gartenfläche vergrößern konnten, hatten wir irgendwie immer zu wenig sonnige Beetfläche. Weil ich trotzdem gerne Kartoffeln anbauen wollte, haben wir aus einer Baustahlmatte einen Zylinder geformt und ihn mit Stroh, Erde und Pflanz-Kartoffeln gefüllt. So ein Kartoffelturm hat den Vorteil, dass nicht nur die Grundfläche, sondern auch die vertikalen Flächen zum Anbau genutzt werden. Du baust quasi in mehreren Etagen an und kannst auf kleiner Fläche mehr ernten. Das gleiche Prinzip funktioniert auch bei Erdbeeren. Wichtig ist nur, dass du für eine GUTE WASSERZUFUHR sorgst. Wegen der großen Oberfläche trocknet der Turm leicht aus. Nach unserer Erfahrung ist die Ernte nicht riesig, aber doch größer, als auf der Grundfläche zu erwarten wäre. Obendrauf hast du Platz für zusätzliche Kulturen, zum Beispiel Salat.

Kompost-Hochbeet

Vor ein paar Jahren bin ich auf die afrikanischen Keyhole-Beete gestoßen. Sie wurden speziell für heiße, trockene Regionen mit nährstoffarmen Böden entwickelt. Der integrierte Kompostschacht in der Mitte sorgt für Feuchtigkeit und automatischen Nährstoffnachschub. Wir haben daraus eine ganz neue Hochbeet-Form, das Kompost-Hochbeet, entwickelt.

Es besteht aus Stahlblech mit einem Durchmesser von 1,30 m und ist 70 cm hoch. In der Mitte befindet sich ein KOMPOSTSCHACHT (1). Ein Freund hat uns den 4 mm dicken Stahlzuschnitt professionell gebogen und verschweißt.

Das Beet steht auf STEINPLATTEN (2). Die FÜLLUNG (3) besteht aus mehreren Schichten (Seite 24–25).

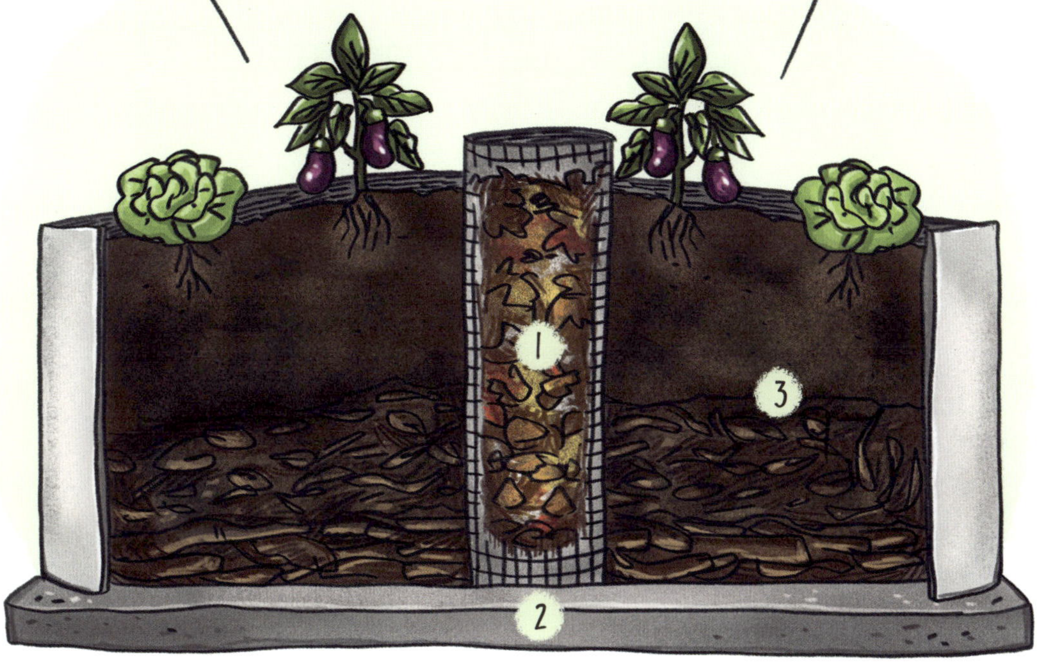

Tipp: Eine größere Menge TERRA PRETA (gibt es fertig zu kaufen) wird auf die einzelnen Schichten gestreut und sorgt für ein besseres Wasserspeichervermögen der Erde.

Den Kompostschacht haben wir zunächst mit 20 cm reifem Kompost und 500 Kompostwürmern* geimpft und dann täglich alle anfallenden organischen Küchenabfälle dort hinein entsorgt. Die Würmer verwandeln die Abfälle in wertvollen Wurmkompost. Die Pflanzen nehmen über ihre Wurzeln die Nährstoffe und die freiwerdende Feuchtigkeit daraus auf.

* Bezugsquellen findest du auf Seite 124.

HOCHBEET BEPFLANZEN

Entdecke Vielfalt mit samenfestem Bio-Saatgut!

Bei SAMENFESTEM SAATGUT gilt, wie die Mutter so die Kinder. Wenn du eigenes Saatgut gewinnst und es wieder aussäst, bekommst du Pflanzen mit den GENAU GLEICHEN EIGENSCHAFTEN, die die Mutterpflanze hatte. Viele samenfeste Sorten wurden schon von unseren Groß- und Urgroßeltern vermehrt. Sie sind optimal an verschiedene Regionen angepasst und sie zeigen eine GROSSE VIELFALT in Form, Farbe und Geschmack.

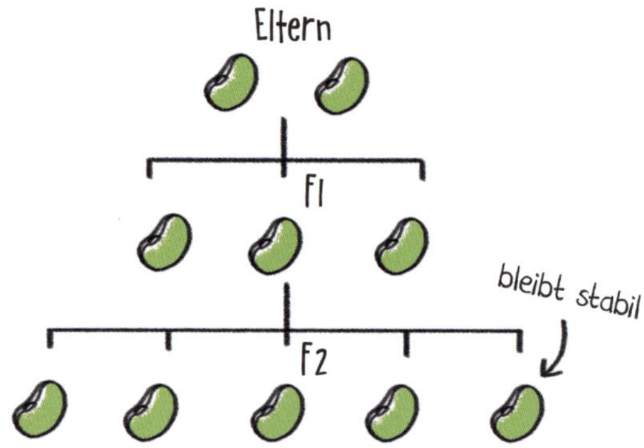

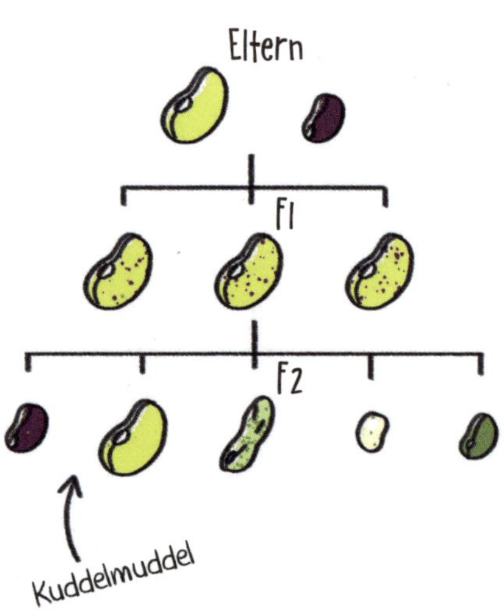

Für F1-HYBRID-SAATGUT dagegen werden zwei im Labor erzeugte INZUCHTLINIEN miteinander gekreuzt, deren direkte Nachkommen dann alle die gleichen Eigenschaften haben. DER VORTEIL: So lassen sich Pflanzen mit Resistenzen, besonders hohen, stabilen Erträgen oder großen Früchten erzeugen.

DER NACHTEIL: F1-Pflanzen kannst du nicht einfach selbst vermehren, die Nachkommen zerfallen in die Eigenschaften der beiden Elternlinien – du bekommst sehr unterschiedliche, meist unbrauchbare Ergebnisse. Das heißt, du musst immer wieder neues Saatgut kaufen. Und da die Entwicklung der F1-Hybriden Zeit und Geld kostet, gibt es dann halt nur zehn Tomatensorten und nicht 3000 wie bei den samenfesten Sorten. Ich bin ein großer Fan von Vielfalt. Von mir gibt's daher an dieser Stelle eine klare Empfehlung für samenfestes Saatgut, am besten in Bio-Qualität.

Saatgut-Keimtest

Wenn dein Saatgut schon etwas älter ist, mach vor der Aussaat lieber einen Keimtest. Dafür brauchst du eine kleine eckige oder runde PLASTIKDOSE MIT DECKEL und eine PAPIERSERVIETTE.

Lege die Serviette in die Dose & feuchte sie an.

Lege zehn Körnchen von deinem Saatgut darauf.

Verschließe die Dose und stelle sie je nach Saatgut an einen warmen oder etwas kühleren Ort. Öffne sie einmal täglich. Sind nach der auf der Tüte angegebenen Keimdauer ...

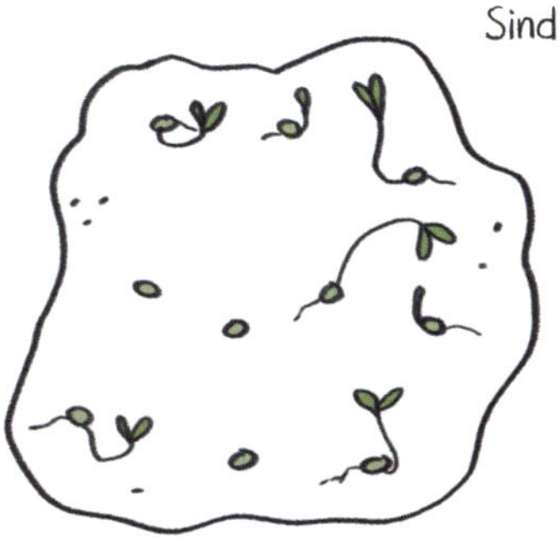

... mindestens sechs bis sieben Samen gekeimt: SAATGUT VERWENDEN

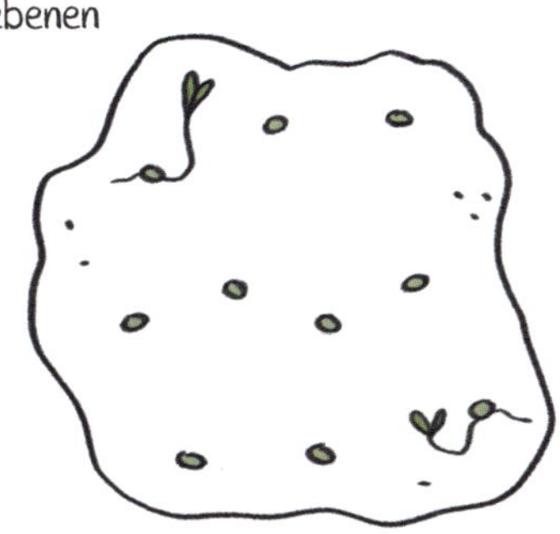

... weniger oder keine Samen gekeimt: NEUES SAATGUT KAUFEN

Haltbarkeit von Saatgut

1 bis 2 Jahre: Dill, Fenchel, Möhren, Schnittlauch

2 bis 4 Jahre: Aubergine, Bohnen, Chili, Erbsen, Radieschen, Rettich, Sellerie

4 bis 6 Jahre: Kohlarten, Kürbis, Mangold, Paprika, Rüben, Salat, Spinat, Zucchini

6 bis 10 Jahre: Gurken, Tomaten

Tipp: Spare nicht an der falschen Stelle. Über das alte Saatgut freuen sich die Vögel – und du ärgerst dich nicht, wenn nichts wächst und die Zeit zur Aussaat vorbei ist!

Mach den Saatgut Tüten-Check!

Wenn du Saatgut kaufst, findest du, wenn du Glück hast, auf der Saatguttüte alle Angaben, die du zum Säen, Pflegen und Ernten der Pflanze brauchst. Allerdings sehr komprimiert und manchmal in Form von kryptischen Zeichen. Es gibt einige Angaben, die Saatgut-Anbieter laut Saatgutverkehrsgesetz machen müssen. Dazu gehören die Sortenbezeichnung, die Partienummer, das Abfülljahr oder das Jahr der letzten Keimprüfung und die Keimfähigkeit. Angaben wie das Mindesthaltbarkeitsdatum oder auch Anbauhinweise sind aber freiwillig.

DAS STEHT DRAUF:

1 Die SORTE des Saatguts (z. B. Gurke "Tanja" oder Tomate "Roma"). Diese Info findest du auf der Vorderseite. Hier steht auch, ob es sich um Bio-Saatgut oder F1-Hybrid-Saatgut handelt.

2 Die MENGENANGABE (z. B. 25 g, 6 bis 13 m² oder 25 Korn, 3 m), wie viele Samen oder wie viel Gramm Saatgut in der Tüte enthalten ist. Meist steht hier auch, für wie viel Beetfläche das Saatgut ausreicht.

3 Die KEIMFÄHIGKEIT gibt dir einen Anhaltspunkt, wie viele Samen voraussichtlich keimen werden (z. B. 85 %). Wenn du also zehn Pflanzen brauchst, solltest du bei 85 % Keimfähigkeit mindestens zwölf Samen säen. Sollten alle aufgehen, kannst du die überzähligen ja verschenken.

4 Die AUSSAATZEIT, also die empfohlene Zeit zum Aussäen in der Saison (z. B. V bis IX, also Mai bis September). Hier steht auch oft dabei, ob du im Haus vorziehen solltest oder direkt ins Beet säen kannst.

5 Die AUSSAATTIEFE, in die die Samen gepflanzt werden sollten (z. B. 1 cm). Das ist wichtig, da Samen unterschiedliche Lichtbedürfnisse haben. Es gibt Dunkelkeimer und Lichtkeimer. Säst du Lichtkeimer wie Möhren zu tief, keimen sie eventuell nicht.

6 Der PFLANZABSTAND, hier gibt es meistens zwei Angaben. Die erste bezeichnet den Abstand zwischen den Pflanzen und die zweite den Abstand zwischen den Reihen (z. B. 20 x 50 cm). Im Hochbeet kannst du meist enger pflanzen. Ich ziehe ca. ein Drittel vom optimalen Pflanzabstand ab.

7 Das MINDESTHALTBARKEITSDATUM ist das Datum, bis zu dem der Hersteller die angegebene Keimrate garantiert. Das heißt nicht, dass du die Samen danach wegwerfen musst. Du solltest nur bei älterem Saatgut bevor du säst, eine Keimprobe machen (siehe Seite 35).

8 Der ABFÜLLCODE ist bei Reklamationen wichtig. Mit ihm lassen sich Informationen zum Hersteller und der Charge des Saatguts nachverfolgen.

9 ZUSÄTZLICHE INFORMATIONEN zur Blütezeit, der Höhe der Pflanze, Farbe und Form der Früchte, dem Erntezeitpunkt oder anderen Eigenschaften, geben die Hersteller nach Belieben an.

Top 5 Gemüse für Hochbeet-Greenhorns

Du hast deinen grünen Daumen gerade erst entdeckt? Kresse ist das Anspruchsvollste, was du je selbst angebaut hast? Und jetzt liegt da dieses braune Erdrechteck vor dir und du würdet es gerne in ein fruchtbares Hochbeet verwandeln und möglichst bald schon ganz viel leckeres Gemüse ernten? Kein Problem. Ich verrate dir, welche Gemüse für Anfänger geeignet sind und wie das Ernteglück zum Greifen nahe rückt.

1. RADIESCHEN

Radieschen haben wenig Ansprüche an den Boden, brauchen kaum Nährstoffe und wachsen schnell – die erste Ernte steht schon 6 bis 8 Wochen nach der Aussaat an. Die Samen werden im Frühjahr, sobald sich der Boden bearbeiten lässt, ca. 1 cm tief und mit einem Abstand von 4 bis 5 cm untereinander und 15 cm zur nächsten Gemüsereihe gesät. Die ersten Exemplare kannst du ernten, sobald sie kirschgroß sind, dann haben die anderen mehr Platz zum Wachsen. Zu große Knollen sind oft holzig. Vergessene Radieschen blühen und sind dann ungenießbar. Außer man wartet ab, bis sich Samenschoten bilden, grün geerntet schmecken diese sehr lecker im Salat. Bis in den September hinein kannst du regelmäßig Radieschen nachsäen.

Anfänger-Tipp:

Nicht austrocknen lassen, Radieschen mögen es gleichmäßig feucht! Bekommen die Pflanzen zu viel oder zu wenig Wasser, platzen die Knollen oder werden unangenehm scharf.

2. SALAT

Wenn du bislang nur die paar Sorten kennst, die es im Supermarkt gibt, wirst du dich wundern – Salat hat so viel mehr zu bieten. Sehr unkompliziert im Anbau ist Pflücksalat. Er ist fast so schnell wie die Radieschen – 8 bis 10 Wochen nach der Aussaat kannst du die ersten Blätter ernten. Lass die Herzblätter stehen, dann kannst du mehrmals ernten. Gesät wird ab Ende März bis Juli/August direkt ins Beet. Die Samen müssen nur leicht mit Erde bedeckt werden, der Abstand zur nächsten Gemüsereihe beträgt 25 cm. Ein bisschen mehr Zeit (10 bis 12 Wochen) und Platz (rundum 25 bis 30 cm) braucht Kopfsalat. In den heißen Sommermonaten schießt Kopfsalat schnell, dann besser Eissalat anpflanzen. Der braucht allerdings noch 2 Wochen länger bis zur Ernte und einen Pflanzabstand von 35 bis 40 cm.

Anfänger-Tipp:

Rote Sorten sind weniger anfällig gegen Schneckenfraß. Vorbeugend gegen Mehltau nicht zu oft die gleiche Sorte anpflanzen, Abwechslung schmeckt auch auf dem Teller besser. Vorgezogene Salatpflanzen nicht zu tief einpflanzen, sie müssen im Wind wehen, sonst bilden sich keine Köpfe.

3. BUSCHBOHNEN

Eine Bauernregel sagt, Bohnen wollen die Glocken läuten hören, eine andere, man soll sie barfuß säen. An beiden ist was dran. Bohnen sät man von Anfang Mai bis Mitte Juli in den warmen Boden, nicht tiefer als 2 bis 3 cm. Dabei hat sich die Saat in Horsten bewährt – immer sechs Bohnen dicht zusammen in die Erde stecken. Bis zum nächsten Horst einen Abstand von 40 cm und bis zur nächsten Gemüsereihe von 50 cm wählen. In der ersten Woche die Reihen mit Vlies, Brettern oder Reisig gegen Vogelfraß schützen. Danach kann man ihnen bei guter Witterung quasi beim Wachsen zusehen.

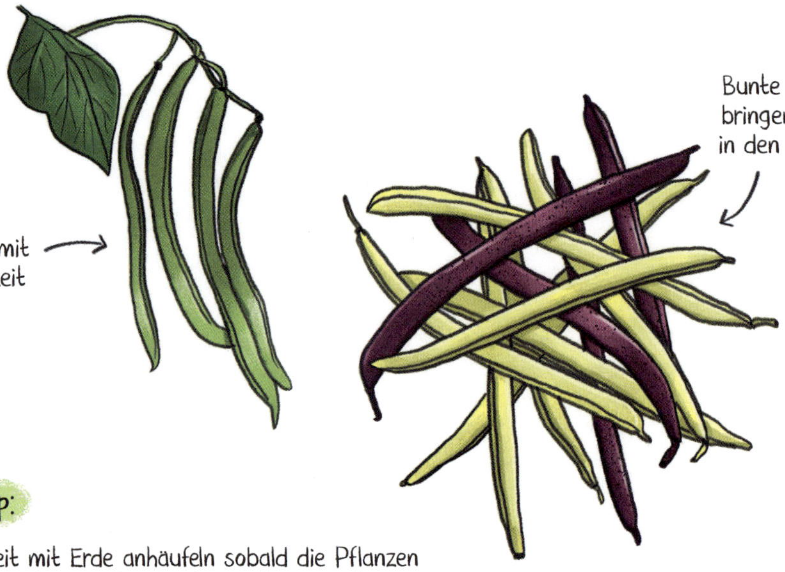

Anfänger-Tipp:

Eine Handbreit mit Erde anhäufeln sobald die Pflanzen 10 bis 15 cm hoch sind. Regelmäßig ernten, je öfter du erntest, desto mehr Bohnen wachsen nach.

4. ZUCKERERBSEN

Zuckererbsen schmecken einfach köstlich. Ich esse sie am liebsten direkt bei der Ernte. Gesät wird von März bis Juni. Die Samen einen Tag in Wasser einlegen, dann keimen sie schneller. Erbsen, die oben schwimmen, aussortieren. Zuckererbsen werden 5 bis 6 cm tief, mit einem Abstand von 3 bis 4 cm untereinander und 40 cm bis zur nächsten Gemüsereihe gesät. Sie brauchen eine Stütze aus Hasendraht oder Zweigen. Saatgut in der ersten Woche mit Vlies oder Brettern vor Vogelfraß schützen. Bis zur Ernte vergehen 3 Monate.

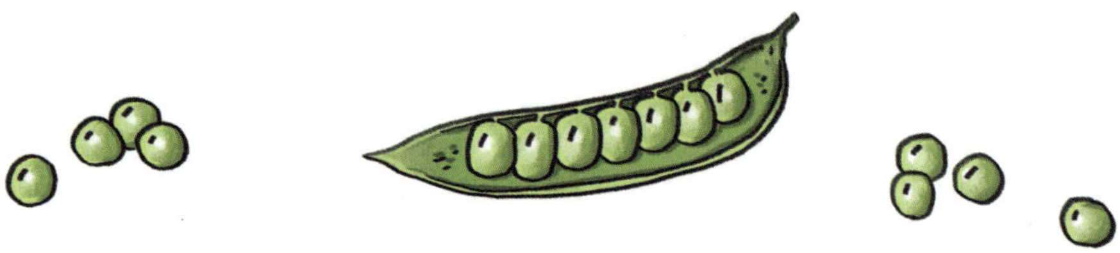

Anfänger-Tipp:

Genügend Abstand zur Bohnenreihe lassen. Die beiden mögen sich nicht so gerne.

5. MANGOLD

Was will man mehr? Mangold gibt es mit gelb, rot und grün leuchtenden Stielen. Man unterscheidet Blatt- und Stielmangold. Geerntet werden die jungen Blätter, das Herz bleibt stehen und garantiert eine lange Erntezeit. Gesät wird von Ende März bis Ende Mai. Blattmangold wird 3 cm tief, mit einem Abstand von 15 bis 20 cm untereinander und 30 cm bis zur nächsten Gemüsereihe, Stielmangold ebenfalls 3 cm tief, mit einem Abstand von 25 bis 30 cm untereinander und 40 cm bis zur nächsten Gemüsereihe gesät. Geerntet wird Blattmangold ab Juni, Stielmangold ein wenig später.

Anfänger-Gemüse mit STIL und langer Erntezeit

Anfänger-Tipp:

Regelmäßig mit einem organischen Dünger versorgen, Erde um die Pflanzen locker und feucht halten.

Säen oder …

Pflanzen aus Saatgut selbst ziehen, ist zum einen günstig, für ein paar Euro bekommst du eine Tüte mit oft mehreren Hundert Samen, und zum anderen auch immer wieder ein ganz besonderes Erlebnis. Ich schaue dann morgens immer gleich nach, ob meine Samen schon gekeimt sind und freue mich über jedes neue Blatt.

Das säe ich am liebsten selbst:

Diese Jungpflanzen kaufe ich zu Saisonbeginn:

... pflanzen?

Diese Kräuter kaufe ich als Pflanzen:

Diese Gemüse kaufe ich gerne als Jungpflanzen:

Aber wenn du keinen Platz hast, keine optimalen Licht- und Temperaturbedingungen oder nur wenige Pflanzen einer Sorte benötigst, sind vorgezogene Jungpflanzen aus dem Gartencenter die Variante mit der größten Gelinggarantie. Ehrlich gesagt kaufe auch ich einige Sorten lieber vorgezogen, vor allem am Saisonbeginn. Die kann ich, sobald die Temperatur passt, direkt ins Hochbeet pflanzen und einige Wochen vor meinen selbst vorgezogenen Pflanzen ernten.

So gelingt die Aussaat
Erde, Töpfe, Licht & Temperatur

Wenn du deine Gemüsepflanzen selbst vorziehen willst, brauchst du einen SEHR HELLEN, NICHT ZU WARMEN PLATZ. Optimal wäre ein frostfreies Gewächshaus, aber wer hat das schon? Eine breite Fensterbank an einem sonnigen Fenster geht auch, am besten eins unter dem keine Heizung bollert.

Bei dir zu Hause findest du schnell eine Menge Dinge, die du als ANZUCHTTÖPFE verwenden kannst. Leere Tetra-Packs, Eierkartons, Klopapierrollen, Zeitungspapier, pfandfreie PET-Flaschen und wahrscheinlich auch Plastikbehälter aus dem Supermarkt, in denen du Obst und Gemüse nach Hause getragen hast. Bevor das alles im Mülleimer landet, gönne ihm eine zweite Karriere in der grünen Branche.

Wenn du es ein bisschen professioneller angehen willst, schaffe dir ein paar dieser kleinen GEWÄCHSHÄUSCHEN für die Fensterbank an. Darin ist Platz für jeweils zwölf Pflanzen einer Sorte, durch den belüftbaren Deckel herrscht darin ein super Keimklima. Sobald die Pflanzen die ersten richtigen Blätter bekommen, müssen sie dann aber in etwas größere Töpfe oder direkt ins Beet umziehen.

Ich selbst säe gerne in TOPFPALETTEN. Die sind zwar aus Plastik, aber so stabil, dass sie praktisch nicht kaputtgehen. Sie sind super platzsparend, wenn man, wie ich, recht viel vorzieht. Es gibt sie in verschiedenen Größen, für die meisten Sorten hat sich bei mir die 52er-Palette bewährt. An der Unterseite haben die Töpfe ein großes Loch, die fertig bewurzelten Jungpflanzen lassen sich mit dem Finger ganz einfach und ohne die Wurzeln zu verletzen aus dem Topf drücken und einpflanzen.

Anzuchttöpfe aus der Topfpresse

Ganz ohne Topf geht es mit einer Topfpresse. Die Herstellung geht schnell und ist kinderleicht: Anzuchterde etwas anfeuchten, damit sie gut zusammenhält ...

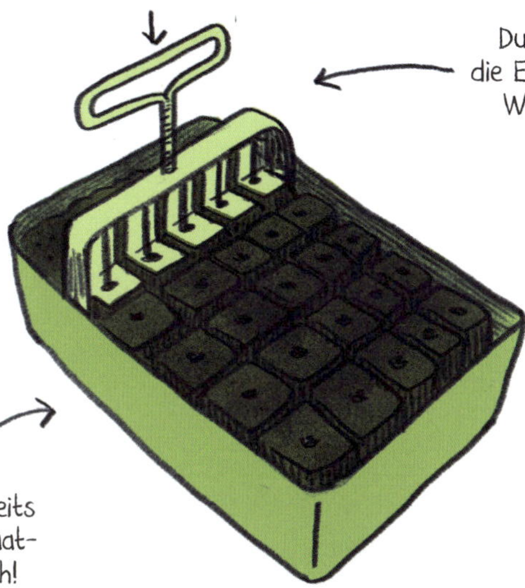

Durch Pressen wird die Erde zu formstabilen Würfeln verdichtet.

Auf der Oberseite ist bereits eine Vertiefung für das Saatkorn vorhanden, praktisch!

Sinnvoll: Spezielle Aussaat-Erde

Die optimale ANZUCHTERDE ist luftig und locker, kann viel Wasser speichern, enthält wenig Nähstoffe, und sie ist vor allem KEIMFREI. Gegen Pilze oder Schädlinge hätten die zarten Jungpflanzen nämlich keine Chance. Du kannst torffreie Anzuchterde fertig gemischt im Gartencenter kaufen. Achte dabei auf Qualität, für dein Baby kaufst du ja wahrscheinlich auch im Bioladen ein.

Normale Blumenerde ist für die Bedürfnisse großer Pflanzen vorgedüngt. Für den Pflanzennachwuchs ist das zu viel Futter. Beim All-you-can-eat-Angebot schießen sie schnell übers Ziel hinaus.

Aussaatmethoden im Überblick: Reihen, Quadrate, Horste & Bänder

Reihen

Für viele Gemüse geeignet. Ziehe mit dem Gartenmesser eine gerade Furche, Samen laut Packungsanweisung einstreuen, verschließen, andrücken, angießen, fertig.

Quadrate

Hat den Vorteil, dass du viele verschiedene Gemüsesorten in einem Beet unterkriegst und nie zu viel von einer Sorte erntest. Dafür mit der Hand oder mit dem praktischen DIBBELBRETT löcher machen – Anzahl je nach Gemüse unterschiedlich, siehe Angaben bei den Musterbeeten* –, Saatgut reinlegen, verschließen, angießen, fertig.

Horste

Beste Methode für Bohnen, dafür legst du im Abstand von ca. 20 cm jeweils eine Handvoll Bohnenkerne in die Erde - bei Stangenbohnen rund um die Stange - mit Erde bedecken, angießen, fertig.

Saatbänder

Vorteil: Du säst nie zu dicht. Einfach aufs Beet legen, Erde drüber und angießen. Gibt es fertig zu kaufen. Auf Seite 91 findest du auch ein DIY zum Selbstmachen.

* Beetpläne findest du ab Seite 94.

So erkennst du Qualität: Der Jungpflanzen-Check

Ich kaufe meine Jungpflanzen am liebsten in der Bio-Gärtnerei meines Vertrauens. Die bieten sie einzeln in kleinen Erdwürfeln an. Erstens produziere ich so keinen Plastikabfall und zweitens kann ich so genau die Anzahl von Pflanzen kaufen, die ich brauche. Im Gartencenter bekommt man auch gute Jungpflanzen. Dort werden sie in Aussaatschalen verkauft, in denen meistens neun oder zwölf Pflanzen wachsen. Tomaten, Paprika und Co. gibt es dagegen in einzelnen Töpfen zu kaufen.

kaufen

Pflanze die Jungpflanzen nach dem Kauf auf jeden Fall zügig ins Beet ein. Wenn sie zu lange in den kleinen Behältern stehen, kommt es wegen Nährstoffmangel zu einem Wachstumsstopp, von dem sich die Pflanzen nicht mehr richtig erholen.
Wenn das nicht geht, musst du uns mit niedrig dosiertem Bio-Flüssigdünger (einmal pro Woche 1/4 der empfohlenen Menge) bei Kräften und bei Laune halten, alles klar? Danke.
DÜNGI
BIO
... oder in größere Töpfe mit torffreier Blumenerde umpflanzen, über die frische Erde werden sie für ca. 3 Wochen mit neuen Nährstoffen versorgt.
pflanzen

7 Kräuter für Hochbeet-Greenhorns

1. PETERSILIE

Gibt's in der glatten und in der krausen Variante. Ich mag die glatte mehr. Sie ist aromatischer. Petersilie steht am liebsten in nährstoffreicher Erde. Sie verträgt auch Halbschatten. Ich pflanze sie gerne unter meinen Tomaten oder Paprika. Petersilie ist mit sich selbst unverträglich und muss jedes Jahr wo anders gepflanzt werden.

2. SCHNITTLAUCH

Einmal gepflanzt, kannst du ihn über Jahre ernten. Er mag eine nährstoffreiche feuchte Erde. Die Blüten sind essbar und auch bei Bienen ausgesprochen beliebt. Schneide die Halme regelmäßig bodennah ab, dann treibt der Schnittlauch immer wieder aus.

3. BASILIKUM

Das klassische Genoveser Basilikum kennen alle, dabei gibt es so viel mehr Sorten zu entdecken! Probiere mal Basilikum mit roten Blättern oder die kleinblättrige griechische Variante. Im Hochbeet passt es gut zu Tomaten, Auberginen und Gurken. Bei letzteren beugt es Mehltau vor. Strauchbasilikum ist auch bei Bienen beliebt. Bei den anderen Sorten gilt, nicht blühen lassen, sonst bilden sich keine neuen Blätter mehr. Dazu immer die Triebe oberhalb eines Blattpaars abzwicken.

4. KAPUZINERKRESSE

Wunderschöne essbare Blüten und Blätter, es gibt rankende und nichtrankende Sorten. Ich pflanze sie gerne in die Hochbeet-Ecken und lasse sie dann entweder nach unten oder als Bodendecker durchs Beet ranken. So sorgt sie dafür, dass die Erde nicht so schnell austrocknet.

5. SALBEI

Kann ganz schön groß werden, ist mehrjährig und sehr genügsam. Ich mag den Purpursalbei mit seinen rot panaschierten Blättern sehr gerne. In der Küche finde ich ihn unverzichtbar. Damit er nicht zu viel Platz beansprucht, schneide ich ihn regelmäßig zurück.

6. ROSMARIN

Braucht einen sonnigen Platz, aber sonst nicht viel, ich pflanze ihn zusammen mit anderen mehrjährigen Sorten in ein extra Kräuter-Hochbeet, in dem ich die Erde mit Sand ordentlich abgemagert habe.

7. THYMIAN

Fühlt sich zusammen mit Salbei und Rosmarin in einem Beet sehr wohl. Für die Küche wird er vor der Blüte geerntet. Durch regelmäßigen Rückschnitt bleibt er schön kompakt. Ich mag den klassischen Thymian, aber auch den Zitronenthymian sehr gerne. Letzteren verwende ich am liebsten frisch, den klassischen trockne ich für den Wintervorrat.

Zum Wachsen braucht man: Platz und gute Nachbarschaft!

Also gönn ihnen den Platz. Der für sie ideale PFLANZABSTAND und die perfekte PFLANZTIEFE stehen auf der Saatguttüte oder bei gekauften Jungpflanzen auf den Etiketten.

Die meisten Arten pflanzt du am besten so tief, wie sie vorher standen. Mit zwei Ausnahmen: SALAT muss im Wind wehen, damit der Wurzelhals nicht fault – pflanze ihn eher etwas zu hoch als zu tief. TOMATEN dagegen bilden an ihrem Haupttrieb weitere Wurzeln, die die Pflanze später mit zusätzlichen Nährstoffen versorgen – deshalb darfst du sie gerne tiefer pflanzen. Mach dafür einfach die unteren Blätter ab und versenke die Pflanze in der Erde.

Salat mag es luftig.

Tomaten lieben die Tiefe.

Beetplanung: Fruchtfolge & Mischkultur

Wenn du dich für eines meiner Musterbeete entscheidest (ab Seite 94), musst du dir um die Beetplanung erst einmal keine Gedanken machen. Du kannst ein Beet deiner Wahl einfach nachpflanzen und dich über die Ernte freuen. Wenn du Gemüse austauschen willst, bekommst von mir aber auch ein paar nützliche Helfer für deine EIGENE PLANUNG an die Hand.

Fruchtfolge

Die Fruchtfolge spielt nach meiner Erfahrung im Hochbeet nur innerhalb einer Saison eine Rolle. Da Hochbeete jedes Jahr mit einer Schicht neuer Erde aufgefüllt werden, verbreiten sich Bodenkrankheiten und Schädlinge nicht so stark wie in bodengebundenen Beeten. Durch die neue Erde kommen auch jedes Jahr neue Nährstoffe ins Beet, sodass du nicht darauf achten musst, Stark-, Mittel- und Schwachzehrer in Jahresfolge zu pflanzen. Zwei Ausnahmen gibt es aus meiner Erfahrung: Auberginen und Kohl würde ich nicht 2 Jahre hintereinander an die gleiche Stelle pflanzen.

Mischkultur

Auch Mischkultur spielt für mich im Hochbeet nur bedingt eine Rolle. Manche Arten sind nur deshalb schlechte Partner, weil sie die gleichen Schädlinge oder Krankheiten anziehen. Wenn du große Beetflächen bepflanzt, kannst du mit einer gut geplanten Mischkultur einen hohen Schädlings-und Krankheitsdruck vermeiden. Aber ob du im Hochbeet zwei Tomaten oder eine Tomate und eine Aubergine nebeneinandersetzt, wird keine merklichen Auswirkungen auf die Pflanzengesundheit haben. Lass dich von den Regeln nicht stressen und schau, was bei dir funktioniert.

Wirklich wichtig

Viel wichtiger für die Beetplanung ist für mich das Wissen um Pflanzzeit, Pflanzabstand und Kulturdauer der verschiedenen Gemüse. Auch hier helfen dir die Angaben auf den Saatgutpackungen und den Pflanzschildern zuverlässig weiter.

So sorgst du regelmäßig für Nachwuchs

Gute Kinderstube

Richte dir zum Beispiel auf einem Tisch oder einem Pflanzregal eine BABY-STATION für neue Pflänzchen ein. Dort kannst du regelmäßig für Nachschub sorgen und Lücken im Beet schnell füllen. Wenn du Aussaaterde, Aussaattöpfe, Pflanzensticker, einen Bleistift und Abdeckhauben an einem Ort bereitliegen hast, fällt es dir leichter, regelmäßig kleine Mengen an Gemüse auszusäen.

Satzweise säen

Während du Gemüse, die lange von der Aussaat bis zur Ernte brauchen, wie z. B. Tomaten, Auberginen oder Kürbis, nur einmal säst oder pflanzt, kannst du bei anderen Sorten das Erntefenster verlängern, in dem du in regelmäßigen Abständen immer wieder kleine Mengen säst. Ich mache das so bei Salaten, Erbsen und Bohnen. Von Salat fülle ich von März bis Juni alle 14 Tage eines meiner kleinen Gewächshäuschen mit Saatgut. Dann mache ich eine Pause und fange im August wieder damit an. Bei Erbsen und Bohnen gehe ich ähnlich vor, davon säe ich zwei bis drei Sätze direkt ins Beet oder, bei Platzmangel, zunächst mal in eine Regenrinne (siehe Seite 56).

TOP WINTERGEMÜSE

Feldsalat	Wird von Anfang August bis Mitte September gesät, entweder direkt ins Beet oder in Aussaatschalen. Er kann Frost vertragen, bitte aber nur an frostfreien Tagen ernten.
Spinat	Wird im August gesät. Entweder ordentlich in Reihen oder breitwürfig als Bodendecker - einfach überall wo Platz im Beet ist. Er kommt gut mit Frost klar, geerntet wird er aber nur an frostfreien Tagen.
Portulak	Aussaat im August und September breitwürfig in leere Beete. Er ist ein guter Bodendecker und versorgt dich den ganzen Winter durch mit frischen Vitaminen.
Grünkohl	Den musst du schon im Mai säen oder du kaufst dir im Juni/Juli Jungpflanzen im Gartencenter. Ich pflanze ihn gerne zwischen meine Tomaten, bis er groß ist, sind die Tomaten geerntet.
Palmkohl	Hier gilt das Gleiche wie beim Grünkohl, er ist allerdings ein bisschen frostempfindlicher. Wenn es sehr frostig wird, schütze ich ihn daher mit einem Wärmevlies. Bei beiden Kohlsorten finde ich toll, dass man einzelne Blätter, also genau immer die Menge, die man braucht, ernten kann.
Radieschen	Schmecken nicht nur im Frühling. Du kannst sie im September in ein Hochbeet mit Frühbeet-Aufsatz säen und dann ihre milde Schärfe im November und Dezember genießen.
Asia-Salate	Ab Mitte September in ein Hochbeet mit Frühbeet-Aufsatz säen und den ganzen Winter durch immer wieder davon ernten.
Pak Choi	Wird von Mitte August bis Mitte September direkt ins Beet gesät und versorgt dich den ganzen Winter durch mit frischem Grün.
Möhren	Kannst du im August in ein Hochbeet mit Frühbeetaufsatz säen, über Winter im Beet lassen und immer soviel ernten, wie du brauchst.
Wintersalate	Im September in ein Hochbeet mit Frühbeet-Aufsatz säen, geeignet sind eigentlich alle festeren Salate wie Batavia, Romana und Eisberg. Eng säen für die Ernte einzelner Blätter im Winter. Mit Abstand säen für die Ernte ganzer Köpfe im nächsten Frühjahr.
Fun Fact	Die Aussaat von Wintergemüse fällt lustigerweise mitten in die heißeste Zeit des Sommers.

Profi-Tipp: Nachwuchs aus der Regenrinne

Das brauchst du:

[ ] Regenrinne in Beetbreite
[ ] Akkubohrer
[ ] 2 Endstücke zum Verschließen
[ ] Aussaaterde
[ ] Saatgut

Gemüse wie Möhren, Rote Bete und Radieschen lassen sich schlecht vorziehen und umpflanzen, die Wurzeln nehmen das übel. Es gibt aber einen coolen Trick. Wenn du sie in einer Regenrinne vorziehst, kannst du sie als Jungpflanze einfach ins Beet gleiten lassen, ohne die Wurzeln zu stören.

1. Mit dem Akkubohrer alle 10 cm ein Loch in die Regenrinne bohren. So kann überschüssiges Gießwasser später abfließen.

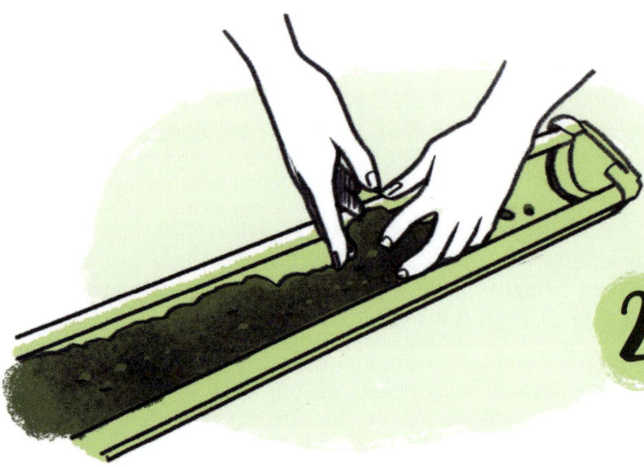

2. Enden mit den Endstücken verschließen (nur locker aufsetzen), Regenrinne mit Aussaaterde füllen.

3. Rille ziehen, Samen im richtigen Abstand einsäen, die Erde gut andrücken und gründlich angießen.

4. Regenrinne an einen sonnigen Platz stellen und feucht halten. Die Erde darf bis zur Keimung auf keinen Fall austrocknen.

5. Sobald das Gemüse gekeimt ist und du einen Platz im Beet frei hast, lässt du die Pflanzen samt Erde einfach ins Hochbeet gleiten.

HEGEN UND PFLEGEN

Wir haben Hunger! Düngen – wen, wann mit was?

Es gibt Gemüse mit wenig, mittelviel und viel Hunger. Profis sprechen von Schwach-, Mittel- und Starkzehrern. Im Hochbeet musst du dich im ersten Jahr nur um die Starkzehrer kümmern, denn es ist durch seinen Aufbau und die dicke Kompostschicht bestens mit Nährstoffen versorgt.

Starkzehrer wie Tomaten, Auberginen, Kohl, Kürbis und Zucchini freuen sich über einen extra Snack für den kleinen Hunger zwischendurch. Deshalb gebe ich eine Portion HORNMEHL für die Stickstoffversorgung mit ins Pflanzloch. Später bekommen sie von mir noch eine Extra-Portion KALIUM, für eine gute Fruchtreife und aromatische Früchte. Ab dem zweiten Jahr arbeite ich im Frühjahr etwas organischen BIO-LANGZEITDÜNGER ein. Damit macht man, solange man sich an die Dosierungsanleitung hält, nichts falsch.

Tierisch oder vegetarisch?

Prinzipiell hast du die Wahl zwischen tierischen und vegetarischen Düngern. In vielen organischen Bio-Volldüngern sind tierische Bestandteile enthalten, es gibt aber auch vegetarische Bio-Volldünger. Mir ist vor allem der Zusatz „Bio" wichtig. Schließlich will ich mein Gemüse ohne Bedenken essen, am liebsten auch mal direkt vom Beet in den Mund.

PFERDEÄPFEL

Verwenden wir gerne beim Aufsetzen von neuen Hochbeeten als Füllmaterial, wenn wir nicht genügend eigenen Kompost haben. Wichtig: immer mit einer Schicht Erde bedecken. Pferdemist enthält viele Samen, die keimen, wenn sie Licht bekommen. Außerdem nur Pferdeäpfel von Pferdebesitzern verwenden, die keine Antibiotika einsetzen. Angebote findest du zum Beispiel bei Ebay-Kleinanzeigen.

ALPAKA-KACKA

Bei uns in der Nähe gibt es eine kleine Alpaka-Herde. Die Besitzer schenken uns den Mist der Tiere. Die olivengroßen schwarzen Köttel haben eine super Düngewirkung. Hasen- oder Ziegenköttel wirken ähnlich. Auf die Erde streuen und leicht einarbeiten.

RINDERDUNG-PELLETS

Ich bin immer, wenn ich an einem Kuhfladen vorbeikomme, versucht ihn einzusammeln, werde aber von Andreas davon abgehalten. Gegen Pellets aus Kuhfladen hat er nichts.

BRENNNESSEL

Ein großartiges Gewächs! Wenn du kannst, überlasse ihm eine Gartenecke. Brennnesseln versorgen deine Pflanzen auf natürliche Weise mit Stickstoff. Dafür einfach die Blätter zerkleinern und leicht in die Erde einarbeiten. Wenn der Dünger schnell verfügbar sein soll, Brennnesseljauche* ansetzen und Pflanzen damit gießen.

BEINWELL

Natürlicher Kalium-Dünger – die Blüten ziehen Insekten magisch an. Beinwell sollte wirklich in keinem Garten fehlen. Die Blätter enthalten viel Kalium und sorgen zerkleinert als Mulch bei meinen Tomaten für eine gute Fruchtreife. Schneller verfügbar sind die Inhaltstoffe, wenn du eine Jauche* ansetzt.

* Rezepte findest du auf Seite 72.

They call me Doctor Wurm

Für ihre Arbeit in der Wurmkiste hätten die fleißigen Würmer auf jeden Fall einen Doktortitel verdient. Auf allerkleinstem Raum verwandeln sie deine organischen Abfälle in wertvollen Dünger für deine Pflanzen.

Das brauchst du:

- [ ] 2 Plastikboxen mit Deckel
- [ ] Akkuschrauber
- [ ] 1 Paket Kokoserde
- [ ] 1 Sack Anzuchterde oder feinen Kompost
- [ ] 500 Kompostwürmer

mögen Würmer

- altes Brot, gekochte Nudeln und Reis
- Teebeutel, Zellstoff, Kaffeereste, Filtertüten
- Baumwolle, Wolle, Tier- und Menschenhaare
- zerkleinerte Zeitungen oder Pappe
- zerkleinerte Eierschalen
- geringe Mengen Sägemehl oder Holzasche
- Kot von Nagetieren und Vögeln
- Wildkräuter

mögen Würmer nicht

- Fleischabfälle in größeren Mengen
- Essensreste mit hohem Salzgehalt
- größere Mengen an Schalen von Zitrusfrüchten
- Blätter von Eiche, Buche, Nuss- oder Nadelbäumen
- Milchprodukte, Fette, Knochen
- Katzen- oder Hundekot
- bunt bedrucktes Papier, Hochglanzpapier
- Plastik, Glas, Metall

Wurmfarm Step-by-Step

1.

In eine der beiden Plastikboxen auf der Unterseite Löcher mit einem Durchmesser von 8 mm bohren.

2.

Die gelochte Box wird jetzt einfach in die Box ohne Löcher gestellt.

3.

Kokoserde und Anzuchterde/Kompost einfüllen.

4.

Würmer zugeben und mit einer ca. 5 cm dicken Schicht organischer Küchenabfälle anfüttern. Box mit Deckel verschließen.

Wir haben Durst! Richtig gießen im Hochbeet

Jede Gießkanne, die du im Hochsommer schleppst, macht sich später im Erntekorb bemerkbar. Gleichzeitig ist Wasser eine wertvolle Ressource. Es lohnt sich, Regenwasser zu sammeln. Hier bekommst du meine fünf ultimativen Gieß-Tipps, damit du deine Hochbeete smart durch die heiße Jahreszeit bringen kannst:

1. Frisch ausgesät? Saat feucht halten! In extrem heißen Zeiten lieber nicht säen. Aber stell dir vor, die Saat ist seit 2 Tagen in der Erde und plötzlich kommt eine Hitzewelle, was dann? Decke die Saat mit Pappe, Zeitungspapier oder Jute ab, so bleibt sie länger feucht. Feuchte die Abdeckung an und lass sie liegen. Entferne das Papier oder den Stoff nach der Keimung wieder, damit die jungen Sämlinge sich optimal entwickeln.

2. Mehr Feuchtigkeit für Gemüse und Kräuter. Forme die Erde um die Pflanzen herum zu einer Gießmulde, in der sich das Wasser sammeln und langsam versickern kann.

3. 20 Liter pro Quadratmeter, sagt eine Faustregel, sollten es schon sein, damit die Feuchtigkeit 20 cm tief eindringen kann. Direkt an die Pflanze gegossen, reichen (je nach Pflanzengröße) 2 bis 5 Liter aus.

4. Mulchen (siehe Seite 66) ist nicht nur bei Trockenheit eine gute Idee. So bleibt die Erde länger feucht.

5. Düngen ist in extrem heißen Zeiten keine gute Idee. Dünger hat die Neigung, die Wasseraufnahme zu unterbinden. Also warte damit, bis die Temperaturen wieder fallen.

Wenn du deine Hochbeete AUTOMATISCH mit Tropfschläuchen bewässerst, sparst du dir das Gießkannen-Schleppen und der Garten verzeiht dann auch mal mehrere Tage Abwesenheit. Die Schläuche sind einfach zu verlegen, wassersparend, winterfest, allerdings nicht ganz günstig in der Anschaffung.

Vor ein paar Jahren habe ich OLLAS für mich entdeckt, das sind durchlässige Gefäße aus Ton. Sie werden in der Erde vergraben und mit Wasser gefüllt. Das Wasser sickert langsam durch den Ton in die Erde und steht den Pflanzen genau dort zur Verfügung, wo sie es brauchen. Keine Verluste durch Verdunstung. Du sparst jede Menge Wasser. Ollas kannst du fertig kaufen, aber auch einfach selbst bauen. Alle Materialien bekommst du für ein paar Euro in einem Baumarkt. Einen Teil davon hast du vielleicht sogar schon zur Hand.

Regenwasser sammeln

In unserem Garten stehen ein 1000-Liter-Tank und zwei 250-Liter-Fässer. Darin sammelt sich das Regenwasser von unserem Laubendach und auch vom Dach des Tomatenhauses. Bereits eine kleine Dachfläche reicht aus, um eine Menge Regenwasser zu sammeln.

Denke bitte an eine Abdeckung, wenn du Fässer aufstellst. Mäuse und Eichhörnchen ertrinken leicht in ungeschützten Wasserfässern. Ein Deckel oder ein engmaschiges Gitter sorgen zusätzlich noch dafür, dass kein Laub in deine Regenwassertonne fällt.

Mulchen – komm unter meine Decke

Wenn du den Boden in deinen Beeten mit organischem Material bedeckst, hat das einige Vorteile. Du musst weniger gießen, Unkraut wird unterdrückt, Regen platscht nicht direkt auf die Erde und verdichtet sie, und je nachdem welches Material du verwendest, wird das Bodenleben angeregt und dein Gemüse sanft gedüngt.

RASENSCHNITT

Das Nummer-eins-Mulchmaterial, regelmäßig verfügbar. Regenwürmer lieben frischen Rasenschnitt und dein Gemüse freut sich über den Stickstoff-Shot, wenn er sich zersetzt.

für alle Kulturen geeignet
Schichtdicke: 3 bis 5 cm

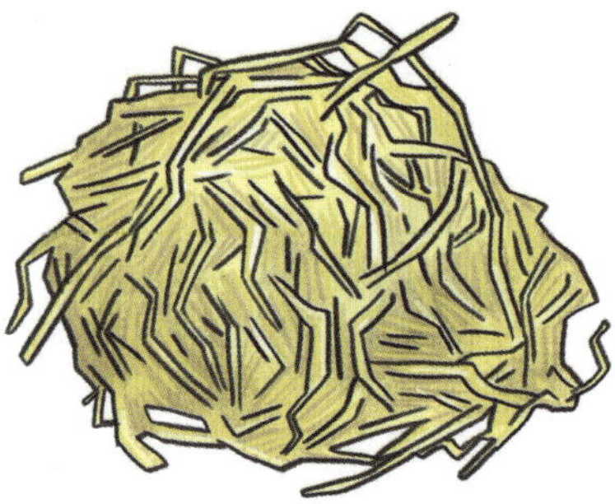

STROH

Erdbeeren profitieren sehr von einer Mulchschicht aus Stroh. Die Früchte liegen nicht auf der Erde, sie bleiben sauber, trocken und faulen nicht so schnell. Streu ein bisschen organischen Bio-Dünger auf die Erde, bevor du mit Stroh mulchst. Stroh entzieht dem Boden beim Zersetzen Stickstoff und so kannst du das ausgleichen.

für Erdbeeren
Schichtdicke: 5 bis 10 cm

SCHAFWOLLE

Biobauern verschenken ungewaschene Schafwolle oder geben sie günstig ab. Eine Mulchschicht aus Schafwolle sieht schräg aus – was macht das Tier da im Beet? –, aber wir haben gute Erfahrungen damit gemacht. Schafwolle kann unglaublich viel Wasser speichern und gibt sie langsam an den Boden ab. Schnecken mögen die Wolle nicht besonders und bleiben fern. Eine leicht düngende Wirkung hat die Wolle auch, aber sie zersetzt sich nur ganz langsam.

für durstige Kulturen
Schichtdicke: ca. 5 cm

LAUB

Nur im Herbst verfügbar, dann aber ein guter Winterschutz für leere Beete, und auch die Wintergemüse freuen sich über eine schützende Laubdecke. Bis zum Frühling haben Regenwürmer und Witterung einen Großteil des Laubs zersetzt und die Erde in deinem Hochbeet ist wunderbar locker.

für leere Beete und Wintergemüse
Schichtdicke: 10 bis 20 cm

BRENNNESSEL & BEINWELL

Eine Mulchschicht aus Brennnesseln versorgt deine Pflanzen zusätzlich mit Stickstoff. Beinwell ist ein guter Kalium-lieferant.

für alle Kulturen geeignet
Schichtdicke: 3 bis 5 cm

UNKRAUT UND ERNTERESTE

Unkraut wird im Hochbeet selten zum Problem. Wenn du es frisch aufsetzt, besteht die oberste Schicht aus torffreier Blumenerde ohne Unkrautsamen. Mit der Zeit kommen die zwar durch die Luft angeflogen, lassen sich aber leicht jäten. An sonnigen Tagen kannst du sie einfach auf dem Beet liegen lassen. Dort vertrocknen sie schnell und dienen als Futter für die nützlichen Bodenlebewesen. Das Gleiche kannst du mit angewelkten Salatblättern machen, lass sie nach der Ernte einfach als Mulch im Beet liegen.

Regenwürmer, Igel, Bienen
Lade willkommene Gartengäste ein

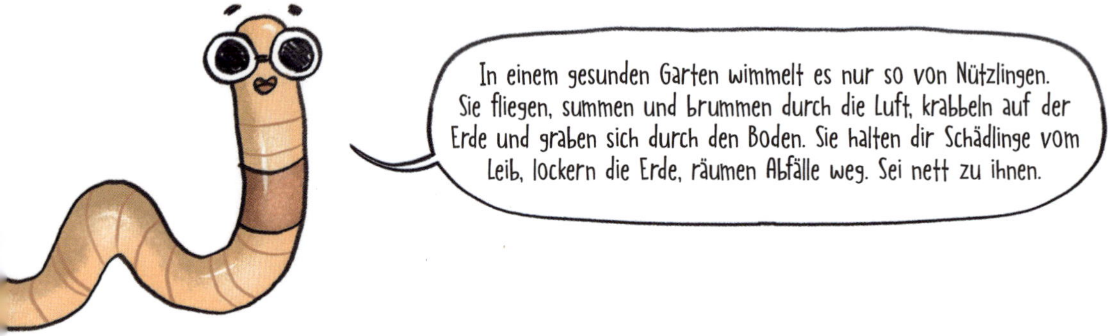

Optisch auf den ersten Blick vielleicht nicht gleich zuzuordnen, steht dir die Marienkäfer-Larve mit ihrem Appetit zur Seite!

1. MARIENKÄFER

Helfen dir dabei, Blattläuse loszuwerden. Bis zu 3000 schafft eine Marienkäfer-Larve, bevor sie sich verpuppt. Der 22-Punkt-Marienkäfer ist etwas aus der Art geschlagen: Er ernährt sich von Mehltau. Also Punkte zählen und an deine Gurken setzen, falls sie Mehltau haben.

Marienkäfer lieben Laubhaufen. Du kannst auch Kiefernzapfen aufhängen, unter deren Schuppen können die winzigen Käfer trocken und geschützt übernachten.

2. FLORFLIEGEN

Spitzname "Blattlauslöwe", muss ich mehr sagen? Bis zu 100 davon verspeist eine Florfliegenlarve jeden Tag. Die nicht gerade attraktive Larve läuft kopfschüttelnd durch die Gegend und sobald ihr Kiefer an eine Laus stößt, beißt sie zu.

Erwachsene Tiere lieben trockene Holzspäne oder Kiefernzapfen. Am besten füllst du sie in ein rotes Kästchen und hängst das unterm Dachvorsprung auf. Mit Katzenminze kannst du sie in deinen Garten locken, sie lieben den Geruch der Blätter.

3. WILDBIENEN

Viele Wildblumen und -kräuter sind auf die Bestäubung durch Wildbienen angewiesen. Und auch bei der Bestäubung von Obst- und Gemüsepflanzen leisten sie gute Dienste. Die unerschrockenen Hummeln fliegen zum Beispiel bei Temperaturen, bei denen die fröstelnden Honigbienen sich noch lange nicht aus ihrer Beute trauen.

Wildbienen lieben kleine wilde Ecken mit blühendem Ehrenpreis, Löwenzahn und Taubnesseln. Einige Arten überwintern in hohlen Pflanzenstängeln, deshalb Stauden erst im Frühjahr zurückschneiden.

4. REGENWÜRMER

Durchlüften den Boden und produzieren dabei gleichzeitig allerbesten Dünger. Bis zu zehn Blätter zieht ein Wurm pro Nacht unter die Erde. Dort zersetzen sie sich und erhöhen so oder als Wurmkacka den Humusgehalt.

Lass alte Blätter und Pflanzenreste liegen und sorge ab und zu mit einer dünnen Mulchschicht aus Rasenschnitt für ein Festmahl.

5. VÖGEL

Raupen, Läuse, kleine Schnecken, Spinnen und Käfer stehen auf dem Speiseplan unserer Gartenvögel. Bis zu 100.000 Insekten verfüttern zum Beispiel Meisen an ihren Nachwuchs. Sorge auch im Winter für ausreichend Futter. Das muss kein extra Vogelfutter sein.

Es reicht, wenn du deinen Garten vielfältig mit Stauden, heimischen Sträuchern und Bäumen gestaltest und vertrocknete Samenstände bis zum Frühjahr stehen lässt. Die Samen von Sonnenblumen, Amaranth und Sonnenhut sind heiß begehrt.

Wir müssen leider draußen bleiben: Blattläuse, Schnecken, Ameisen

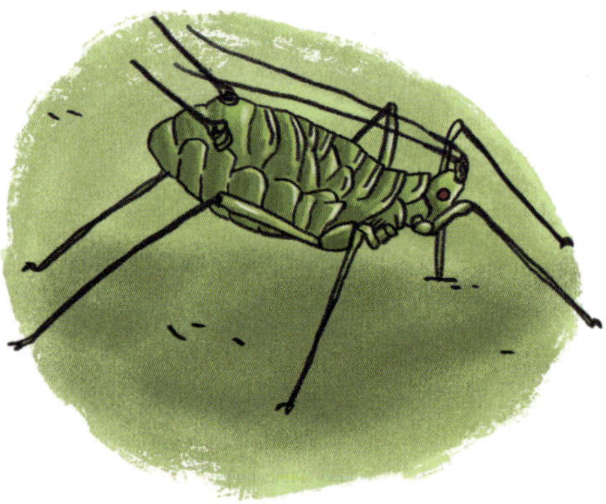

1. BLATTLÄUSE

Mit leichter Verzögerung tauchen Marienkäfer auf und beseitigen die Läuse für dich. Bei starkem Befall kannst du die Läuse mit der Hand abstreifen oder die Pflanzen mit Tee oder Jauche besprühen*. Nach meiner Erfahrung verschwinden Blattläuse meistens von selbst.

2. WEISSE FLIEGEN

Ein lästiger Kohlschädling, gegen den nur ein Schädlingsschutznetz hilft. Wenn du dein Beet nicht dauerhaft verhüllen willst, probiere es mal mit roten Kohlsorten. Ich habe die Erfahrung gemacht, dass die Fliegen sie links liegen lassen.

* Rezepte findest du auf Seite 72.

3. NACKTSCHNECKEN

Sie kommen über Schneckeneier im Kompost, über die Beetfüllung oder auch einfach von außen ins Beet. Schnecken sind erstaunlich gute Kletterer. Lege ein Brett oder ein großes Blatt (z. B. vom Rhabarber) im Beet aus. Die Schnecken verkriechen sich gerne darunter und du kannst sie absammeln. Wenn sie das Spiel nicht mitspielen, sind ein paar Körnchen biologisches Schneckenkorn (mit Eisen-III-Phosphat) eine wirkungsvolle und ökologisch vertretbare Alternative.

4. AMEISEN

Die fühlen sich im warmen Hochbeet sehr wohl. Kaputt machen sie eher nichts, aber sie sind lästig. Bewege sie zum Umzug, indem du einen mit Stroh gefüllten Blumentopf über das Nest stülpst. Nach einem Tag sind sie dort samt ihrem Nachwuchs hineingezogen. Du kannst den Topf mit einer Schaufel anheben und die Ameisen umsiedeln.

Krankheiten mechanisch vorbeugen

DAS WICHTIGSTE AM ANFANG: Pflanzen, die gut mit Nährstoffen und Wasser versorgt sind, genügend Sonne bekommen und ausreichend Platz zum Wachsen haben, werden seltener krank. Das beste Mittel, um Krankheiten vorzubeugen, ist also, dass du die Bedürfnisse deiner Pflanzen gut kennst und erfüllst.

Darüber hinaus kannst du mit NATÜRLICHEN PFLANZENSCHUTZMITTELN deine Pflanzen vorbeugend kräftigen, und wenn es sie doch erwischt, auch heilen.

Wir setzen dafür in unserem Garten auf JAUCHEN, BRÜHEN und TEES* aus Pflanzen und Kräutern.

Meistens gelingt es uns damit, OHNE DEN EINSATZ VON CHEMIE, reichlich gesundes Obst und Gemüse zu ernten.

Jauchen, Brühe, Tee
Sanfte Medizin aus der Gartenapotheke

Im Bio-Garten hängt vieles von einem ausgewogenen Gleichgewicht zwischen Gut und Böse ab. Mit selbst hergestellten Pflanzenschutzmitteln kann das aus unserer Sicht Böse ganz gut in Schach gehalten werden. Ganz los wird man es damit nicht, aber das ist auch nicht unbedingt nötig.

Jauche

Fülle ein größeres Gefäß mit Deckel zur Hälfte mit grob zerkleinerten Blättern, Wasser zugeben, Deckel drauf (!), einmal am Tag mit einem langen Stock umrühren und wenn es zu stark riecht, mit Urgesteinsmehl bestäuben.

Nach 3 Tagen kannst du sie 1 : 50 verdünnt zur Schädlingsbekämpfung verwenden. Nach rund 2 Wochen, wenn es aufhört zu schäumen, wird daraus ein sanfter Dünger.

Du kannst ihn 1 : 10 verdünnt alle 7 Tage zum Gießen oder 1 : 50 verdünnt als Blattdünger verwenden.

Brühe

Brühen werden zur Stärkung und Kräftigung von Gemüsepflanzen eingesetzt. Sie wirken vorbeugend gegen Krankheiten und Schädlinge. Brühe ist nur begrenzt haltbar und wird daher in kleineren Mengen angesetzt. Für die Herstellung getrocknete oder frische Blätter 24 Stunden in Regenwasser einweichen und dann 15 bis 30 Minuten kochen. Nach dem Abkühlen Blätter absieben. Du kannst sie als Mulchmaterial verwenden. Brühe 1 : 10 bis 1 : 20 mit Wasser verdünnt anwenden.

Tee

Tee wird meistens zur Schädlingsabwehr verwendet. Er wird wie Brühe aus zerkleinerten frischen oder getrockneten Kräutern hergestellt. Die Blätter mit kochendem Wasser übergießen und abgedeckt 15 bis 20 Minuten ziehen lassen. Empfindliche Inhaltsstoffe bleiben bei dieser Zubereitungsart besser erhalten als bei Brühe. Wird unverdünnt angewendet.

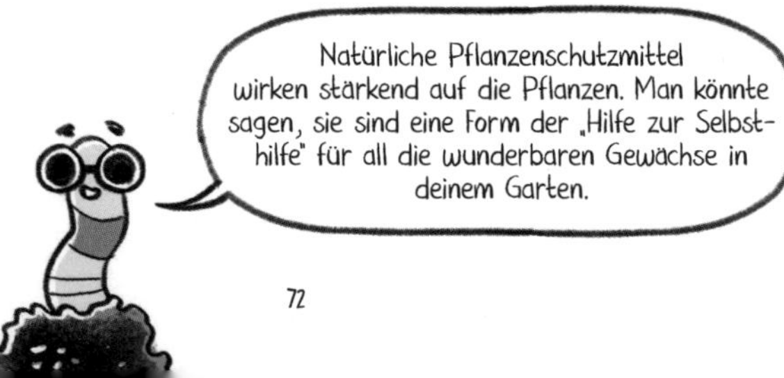

Pflanzen heilen Pflanzen

Die helfen dir …

FARNKRAUT
(Jauche oder Brühe)

WERMUT
(Jauche oder Brühe)

KAPUZINERKRESSE
(als Tee)

KOHL
(als Jauche)

TOMATE
(Jauche oder Tee)

WERMUT
(Jauche oder Tee)

RHABARBER
(Jauche, Brühe oder Tee)

KNOBLAUCH
(Jauche oder Tee)

WERMUT
(Jauche oder Tee)

OREGANO
(als Tee)

FARNKRAUT
(Jauche oder Brühe)

… bei diesen Problemen

BLATTLÄUSE

BLUTLÄUSE

ERDFLÖHE

KOHLWEISSLING

LAUCHMOTTEN

PILZE

SÄULENROST (PILZ)

SCHILDLÄUSE

SCHNECKEN

Drahthauben, Reisig, Vlies
Manueller Schutz vor Mitessern

1. Drahthauben

Dienen als Schutz von Jungpflanzen vor größeren Fressfeinden wie Hasen, Rehe, Tauben. Okay, Tauben sind nicht groß, aber sie stehen extrem auf Kohl und mit einer Drahthaube kannst du sie leicht davon fernhalten. Es gibt fertige Hauben zu kaufen, die sind aber nicht ganz günstig und oft auch nicht groß genug. Ich bastele meine Hauben ganz einfach aus Hasendraht selbst und befestige sie mit einem Stab in der Erde, damit sie nicht wegfliegen.

Hasendraht in gewünschter Länge abzwicken, zu einem Zylinder formen, Enden verbinden, oben zusammendrücken – fertig!

2. Reisig

Bohnen und Erbsen schütze ich mit Reisig vor gefräßigen Vögeln. Du kannst dafür jede Art von Rückschnitt verwenden. Einfach locker über die frisch gelegten Samen verteilen. Sobald sich die Jungpflanzen zeigen, kannst du den Reisig wieder entfernen. An den Pflanzen haben Vögel kein Interesse mehr.

3. Vlies

Mit einem leichten Vlies kannst du deine frisch gesäten Beete vor scharrenden Vögeln schützen. Einfach das Vlies darüber ausbreiten und mit Steinen an den Ecken vorm Wegfliegen schützen. Gleichzeitig trocknen so deine Beete nicht so schnell aus. Sobald alles gekeimt ist, kannst du das Vlies wieder entfernen.

Bunte Blüten für einen gesunden Boden

Die Blüten von Blumen und Kräutern sind nicht nur schön, sie sind auch nützlich. In deine Gemüsebeete gepflanzt, ziehen sie Bestäuber an, verbessern die Bodengesundheit und halten Schädlinge von deinem Gemüse fern.

KAPUZINERKRESSE

Wirkt unter Tomaten gepflanzt, mit ihren Senfölen abwehrend gegen Pilze. Bei Blattläusen ist sie sehr beliebt, du kannst sie also als Opferpflanze verwenden, um die Läuse von deinem Gemüse fernzuhalten. Rankende Sorten bedecken den Boden und sorgen so dafür, dass er länger feucht und locker bleibt.

RINGELBLUME

Mit ihren tiefen Pfahlwurzeln lockert sie den Boden und hält Nährstoffe fest, die sonst ausgewaschen würden. Ich pflanze die kleine Schwester der Garten-Ringelblume (Calendula officinalis), die Acker-Ringelblume (Calendula arvensis) gerne in Kartoffelbeete. Dort hilft sie bei der Abwehr von Fadenwürmern. Bei Bauern galt sie früher übrigens als Wetterprophet, da sie bei aufziehendem Regen ihre Blüten zusammenfaltet.

BOHNENKRAUT

Hält die Schwarze Bohnenlaus von deinen Bohnen fern. Die kann den starken Geruch nämlich überhaupt nicht ab. Die Blüten stehen bei bestäubenden Insekten hoch im Kurs und im Kochwasser von Bohnen verstärkt es deren Aroma.

OREGANO

Bildet, wenn man ihn lässt, wunderschöne rosa Blütenkissen, die zahlreiche Bestäuber anziehen. Für die Küche wird er vor der Blüte geerntet, als Helfer im Gemüsebeet darf er blühen. Der würzige Geruch des blühenden Krautes erschwert verschiedenen Schädlingen das Finden ihrer Wirtspflanzen.

SONNENBLUME

Mit ihren kräftigen Wurzeln lockert und belüftet sie den Boden nicht nur tiefgründig, sie ist außerdem dazu in der Lage, Schadstoffe aus dem Boden zu filtern. Ihre Blüten ziehen viele Bestäuber an und ihre Samen schmecken schädlingsfressenden Vögeln. In Kombination mit niedrigen Stangenbohnen können Sonnenblumen die Bohnenstange ersetzen und als Rankhilfe dienen.

BORRETSCH

Guter Partner für Kohlpflanzen und Tomaten. Verwirrt mit seinem Duft den Kohlweißling und die Gemüseeule und hält sie so davon ab, ihre Eier an dein Gemüse zu legen. Keine Eier = keine Raupen, die später dein Gemüse fressen. Die blauen Blütensterne schmecken übrigens auch super im Salat.

TAGETES

Halten durch ihren intensiven Geruch Weiße Fliegen von deinen Kohlpflanzen fern, auch Ameisen und Lauchmotten fühlen sich in der Nähe von Tagetes nicht wohl und machen die Biege. Ihre wahre Superpower liegt aber darin, dass sie schädliche Nematoden nicht nur vertreiben, sondern sogar abtöten. Gut zu wissen: Bei Schnecken sind Tagetes ausgesprochen beliebt, du kannst sie als Fangpflanze verwenden, musst dann aber die Schnecken regelmäßig absammeln, damit sie nicht zu deinem Gemüse weiterwandern.

STRAUCHBASILIKUM

Im Gegensatz zu dem klassischen Genoveser Basilikum, bei dem nur die Blätter geerntet werden, darf Strauchbasilikum gerne zur Blüte kommen. Zwischen Kohl gepflanzt, verwirrt es mit seinem intensiven Geruch Weiße Fliegen und hält sie so davon ab, ihre Eier an deinen Kohl zu legen. Die Sorte African Blue ist ein echter Hingucker, sie zieht mit ihren vielen Blüten zahlreiche Bestäuber an und sorgt so außerdem für eine bessere Ernte.

So vermeidest du „nackte" Beete im Winter

Lass deine Beete im Winter nicht unbedeckt. Wenn du keine Lust auf Wintergemüse hast, streu ein paar Körnchen GRÜNDÜNGUNG auf die freien Flächen. Gründüngung schützt die Erde vor Witterungseinflüssen, sie regt das Bodenleben an, lockert den Boden, unterdrückt Unkraut und wirkt, nachdem sie abgestorben ist und sich zersetzt, als natürlicher Dünger. Gründüngung wird immer breitwürfig ausgebracht und leicht eingeharkt. Bis zur Keimung musst du die Flächen feucht halten. Im Frühjahr harkst du Reste einfach unter. Winterharte Gründüngungspflanzen hackst du im Frühling ab und lässt sie als Mulch liegen.

WINTER-ROGGEN

unterdrückt Unkaut,
bildet viel Humus

FELDSALAT

verbessert die Bodenstruktur, verrottet schnell

TAGETES

verdrängt Nematoden, gut
für die Bodengesundheit

SPINAT

unterdrückt Unkraut,
verrottet schnell

GELBE LUPINE

bildet Stickstoff
und Humus

BIENENFREUND

unterdrückt Unkraut, bildet Humus, Bienen lieben ihn

ROT-KLEE

bildet Stickstoff, verbessert die Bodenstruktur

BUCHWEIZEN

lockert den Boden tiefgründig, unterdrückt Unkraut

RINGELBLUME

verdrängt Nematoden, verrottet schnell

INKARNAT-KLEE

bildet Stickstoff, vertreibt Kohlfliegen

Das WINTERGEMÜSE, das du im Hochsommer in Töpfchen vorgezogen hast (siehe Seite 55), zieht jetzt an die frei gewordenen Plätze im Hochbeet um. Falls du keine eigenen Pflanzen ausgesät hast, findest du im Gartencenter eine gute Auswahl an Jungpflanzen. Feldsalat und Spinat kannst du direkt ins Hochbeet säen. Beide können den ganzen Winter durch an frostfreien Tagen geerntet werden. Wenn du sie breitwürfig säst, dienen sie gleichzeitig als Gründüngung.

ENDLICH ERNTE EINFAHREN

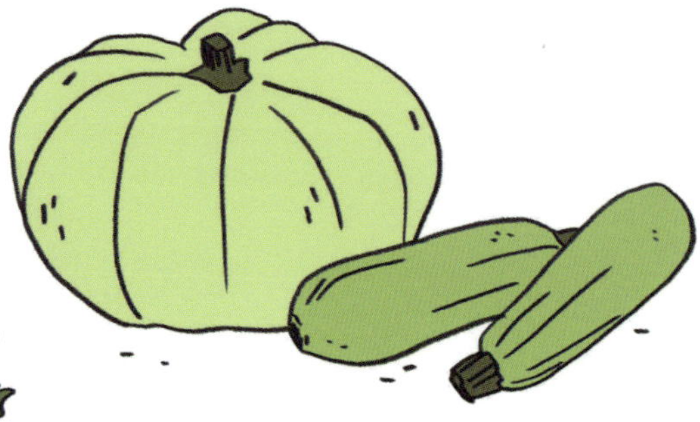

Kleines Ernte-ABC
So erkennst du reifes Gemüse

AUBERGINE

Reife Auberginen erkennst du an ihrem Glanz. Vorher und nachher sind sie matt.

BLATTGEMÜSE

Ernte bei Mangold einzelne Blätter. Wenn du sie etwas hin- und her bewegst, lassen sie sich leicht ablösen. Bei Pak Choi und Tatsoi kannst du einzelne Blätter oder die ganze Pflanze ernten. Palmkohl und Grünkohl sind für mich die praktischsten Kohlarten, weil ich davon einzelne Blätter von unten nach oben ernten kann.

ERBSEN UND BOHNEN

Je häufiger du erntest, desto mehr Hülsen kommen nach. Sobald du sie ausreifen lässt, hört die Pflanze auf, neue zu bilden. Die Wurzeln sammeln über Knöllchenbakterien Stickstoff. Lass sie, wenn die Pflanze abgeerntet ist, in der Erde.

FENCHEL

Wenn du Fenchel direkt unter dem Knollenansatz mit der Erntehippe abschneidest, bildet sich noch einmal eine neue Knolle. Sie bleibt etwas kleiner als die erste, ist aber genauso lecker.

KARTOFFELN

Bei Kartoffeln kannst du entweder Tage zählen – frühe Sorten brauchen 90, späte 120 Tage bis zur Ernte – oder du wartest, bis das Laub BRAUN wird.

PETERSILIE & CO.

Bei Petersilie und Schnittlauch schneidest du die Menge, die du brauchst, direkt über dem Boden ab. Bei Basilikum zwickst du die Triebe einzeln über einem Blattpaar ab. Dann verzweigt es sich gut und du hast lange Freude daran. Bei anderen Kräutern schneidest du einfach nur die Triebspitzen ab.

SALATE

Kopfsalate schneidest du direkt über dem Wurzelballen ab. Lass die Wurzeln in der Erde, bis du die ganze Reihe geerntet hast, dann störst du beim Rausreißen nicht die Wurzeln der Nachbarpflanzen. Ernte zunächst jeden zweiten Kopf, dann haben die restlichen Salate Platz, sich auszubreiten. Bei Pflücksalat erntest du immer die äußeren Blätter und lässt das Herz stehen.

TOMATEN

Tomaten haben an den Stängeln eine Sollbruchstelle. Wenn sie reif sind, lassen sie sich leicht durch Kippen ablösen.

WURZELN & KNOLLEN

Schmecken jung geerntet am besten. Radieschen, wenn sie murmelgroß sind, Kohlrabi faustgroß, Rote Bete in Tennisballgröße. Bei Möhren die Erde etwas wegschieben, um zu sehen, ob sie dick genug sind, dann vorsichtig mit der Wurzel rausziehen.

ZUCCHINI & KÜRBIS

Kürbis erntest du am besten erst, wenn der Stielansatz braun wird. Dann lässt er sich am längsten lagern. Wenn du ihn direkt essen willst, kannst du ihn auch vorher ernten. Zucchini am besten jung ernten, 15 bis 20 cm ist eine gute Länge.

Ernten, lagern, genießen
So nutzt du Erntefenster richtig

Es gibt Pflanzen, die wachsen, sind reif, werden geerntet und das wars. Ihr Vorteil: Sie brauchen meist nicht lange von der Aussaat bis zur Ernte. Von anderen Pflanzen kannst du über einen langen Zeitraum immer wieder reife Früchte ernten, ohne dass du damit zusätzlichen Aufwand hast. Dafür dauert es etwas länger, bis sie die ersten Früchte hervorbringen. Und dann gibt es noch Gemüse, das sich zum Wachsen richtig lange Zeit lässt, das du dafür aber über einen langen Zeitraum richtig gut lagern kannst.

Einmal pflanzen – lange ernten:

Pflanzen, ernten und weg:

Ernten und lange lagern:

Im Ernteglück: verarbeiten & haltbar machen

Ich verbringe in der Erntezeit viele Stunden in der Küche mit Abfüllen und Einkochen. Bei 27 Hochbeeten kommt ganz schön was zusammen. OBST verarbeite ich zu Marmelade, Mus und Saft. GEMÜSE wie Tomaten, Zucchini und Paprika verarbeite ich zu einem Sugo und koche es ein. Im Winter bringt ein Glas Tomaten-Sugo zusammen mit Pasta sofort den Sommer auf die Zunge. Kräuter trockne ich für Teemischungen und als Gewürz. Gemüse kannst du auf ganz unterschiedliche Arten lagern:

1. IM ZIMMER

Zwiebeln, Schalotten und Knoblauch überwintern in der Wohnung. Bei meiner Oma hingen sie zu einem Zopf geflochten auf dem Speicher. Aber wer hat heute noch einen dafür geeigneten Speicher? Wir nicht. In unserer Küche ist es zu warm, deshalb lagere ich Zwiebel- und Knoblauchzöpfe in der meist frostfreien Gartenlaube.

2. IM KÜHLEN KELLER

Hast du einen alten Keller mit gestampftem Lehmboden und dicken Wänden? In dem konstant eine Temperatur von ca. 10 °C bei hoher Luftfeuchte herrscht? Dann herzlichen Glückwunsch, eine bessere Lagermöglichkeit für Gemüse gibt es kaum. Alles was du noch brauchst, sind ein paar Kisten mit Sand und Lagerstiegen mit luftigem Gitterboden. Kohlköpfe werden in Zeitungspapier eingeschlagen, Knollengemüse einfach lagenweise mit dem leicht angefeuchteten Sand bedeckt. Heute sind die meisten Keller leider zu warm, zu trocken und zu hell. In der Folge treibt Gemüse schnell aus und verdirbt.

3. IM FROSTFREIEN SCHUPPEN

Die Chancen, über einen frostfreien Schuppen, eine Gartenlaube oder eine Garage zu verfügen, stehen schon deutlich höher. In unserer Gartenlaube fallen die Temperaturen nur in sehr harten Wintern unter 0 °C. Meist herrschen dort ganz gute Überwinterungsbedingungen für Gemüse mit Temperaturen zwischen 5 und 10 °C.

4. IN KISTEN

Kleine Mengen Gemüse kann man gut in Kisten auf Balkon oder Terrasse lagern. Du brauchst dazu eine ausreichend große Holzkiste. Styroporboxen sind ebenfalls geeignet. Aber auch Plastikkisten wie ein Baukübel mit Deckel dienen dem Zweck. Bei Styropor- und Plastikkisten musst du in den Deckel eine Entlüftungsmöglichkeit, z. B. ein Loch mit einem Stück Schlauch darin, einbauen. Die Kiste wird mit Stroh ausgekleidet (kann bei der Styroporkiste entfallen) und mit leicht feuchtem Sand gefüllt. Das Gemüse wird schichtweise eingelagert und jeweils mit Sand bedeckt. Als Füllmaterial kannst du auch Perlit verwenden (dann brauchst du kein Stroh).

So bereitest du die Ernte richtig vor:

Nur GUT AUSGEREIFTES Gemüse eignet sich zum Lagern. Du kannst dir das aber beim Nachreifen von grünen Tomaten zunutze machen (siehe Seite 90).

Bei Knollengemüse vor der Einlagerung BLÄTTER ENTFERNEN, ein kurzer Strunk darf stehen bleiben.

Gemüse NICHT WASCHEN, Erdreste antrocknen lassen, mit der Hand abwischen, sie schützen das Gemüse vor dem Austrocknen.

Obst und Gemüse IMMER GETRENNT lagern. Äpfel strömen bei der Lagerung ein Reifegas aus, in dessen Gegenwart andere Obstsorten und Gemüse schneller verderben.

DIY – So legst du eine Erdmiete im Hochbeet an

Das brauchst du:

- [ ] Holzkiste mit Deckel
- [ ] Stroh
- [ ] Sand
- [ ] etwas Folie
- [ ] Steine

1. GRABE EIN LOCH IN DEINEM HOCHBEET.

Es muss rundum ca. 20 cm größer und tiefer sein als der Behälter, den du zur Lagerung nutzen möchtest (in unserem Fall die Holzkiste). Kleide den Boden mit einer 20 cm dicken Strohschicht aus.

2. PLATZIERE DEN BEHÄLTER

Setze deinen Behälter MITTIG hinein und stopfe rundum die Lücke mit Stroh aus. Packe das Stroh richtig dicht, damit die Kiste und das Gemüse darin gut vor Kälte und Frost isoliert werden.

3. SCHICHTE IN SAND & STROH

Fülle eine SCHICHT Sand in den Behälter, lege eine Schicht Gemüse darauf und bedecke das Gemüse mit Sand. Mach weiter so, bis der Behälter zu drei Vierteln voll ist. Die letzte Schicht besteht dann aus Stroh.

4. DECKE DEINE ERDMIETE AB

Verschließe die Kiste mit einem Deckel und beschwere ihn mit einem Stein. Decke das Ganze, zum Schutz vor Feuchtigkeit, zusätzlich mit Folie ab und beschwere die Folie mit Steinen, damit sie nicht wegfliegt.

Grüne Tomaten? Lass sie einfach nachreifen!

1. KOPFÜBER AUFHÄNGEN

Wenn du Platz hast, kannst du einfach die ganze Tomatenpflanze abschneiden und über Kopf in einem kühlen Raum aufhängen. Die Tomaten reifen dann an der Pflanze nach und nach aus. Mit kleinen Cherrytomaten funktioniert das besser als mit Fleischtomaten.

2. AB IN DIE KISTE

Alternativ lagerst du einzelne Früchte nebeneinander in einer Kiste oder Stiege. Schau regelmäßig rein und sortiere faulende Früchte aus. So hast du bis in den Dezember rein Tomaten aus eigenem Anbau.

Grün ernten: ja. Grün essen: nein!

Unreife Tomaten enthalten SOLANIN und das ist giftig, also Finger weg von grünen Tomaten. Es gibt allerdings Sorten, wie z. B. "Green Zebra", deren Früchte auch im reifen Zustand grün bleiben. Sie werden dann nur etwas weicher und bekommen einen leicht gelblichen Schimmer.

DIY: Saatband aus geernteten reifen Samen

So ein Saatband ist schnell gebastelt. Dazu brauchst du:

[ ] 1 m Klopapier
[ ] Schere & Stift
[ ] Pinsel oder Stäbchen
[ ] Maßband
[ ] Pinzette
[ ] Mehl
[ ] Wasser
[ ] Saatgut

Neben den Früchten fallen im Garten auch reichlich Samen an. Aus deinem gesammelten, aber ebenso aus gekauftem Saatgut, kannst du dir Saatbänder basteln. Damit gelingt die Aussaat im nächsten Frühjahr gleich im richtigen Abstand. Saatbänder kann man auch fertig kaufen, aber Selbermachen macht mehr Spaß, und günstiger ist es sowieso. Aufgerollt und hübsch verpackt lassen sich Saatbänder auch super verschenken!

So geht's: Schneide das Klopapier in ca. 2 cm breite Streifen. Schreibe an ein Ende, welches Saatgut sich darin befinden wird.

Rühre aus Mehl und ein paar Tropfen Wasser einen zähen Kleber an. Tupfe ihn mit einem Pinsel oder einem Stäbchen im richtigen Abstand auf die Papierstreifen.

Auf jeden Tupfen legst du ein Saatkorn. Bei kleinen Saatkörnern geht das am besten mit einer Pinzette.

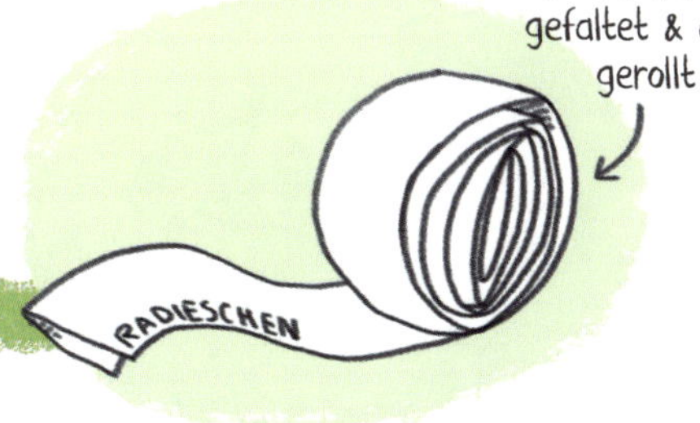

Lass den Papierstreifen schnell auf der Heizung trocknen, rolle ihn zusammen und lagere ihn dunkel und trocken.

HOCHBEET-PFLANZPLÄNE

Bunt und lecker
Blumen und Gemüse kombiniert

Blumen oder Gemüse? Bei diesem Beet musst du dich nicht entscheiden. Du bekommst beides. Die Blumen kannst du nicht nur in der Küche verwerten, sie helfen deinem Gemüse auch noch kräftig und gesund zu wachsen. Bei allen angegebenen Pflanzen setzt oder säst du immer eine Reihe. Angaben zum Pflanzabstand findest du auf den Samentütchen, im Hochbeet pflanze ich um ein Drittel enger. Alle Pläne in diesem Kapitel sind für ein 2 x 1 m Beet ausgelegt. Viel Spaß!

Das brauchst du als Saatgut:

Das brauchst du als Jungpflanzen:

Mhmmmm.
Auf der Folgeseite findest du Tipps für den erfolgreichen Anbau dieser leckeren Kräuter und Gemüse!

DEINE TO-DOS IM JAHRESVERLAUF:

Theoretisch kannst du alle Pflanzen selbst vorziehen. Dann müsstest du aber schon Ende Februar in der Wohnung damit anfangen. Ich empfehle dir für dieses Beet lieber vorgezogene Pflanzen im Gartencenter zu kaufen. Nur die Zuckererbsen und Bohnen legst du als Saatkorn in die Erde.

April

Fang mit den Zuckererbsen an, die sind unempfindlich gegen kalte Temperaturen. Kleine Ringelblumenpflanzen eigentlich auch, aber größere vorgezogene Pflanzen müssen abgehärtet und langsam an die Kälte gewöhnt werden.

WICHTIG: Schütze die Saat bitte unbedingt mit Reisig oder Vlies, bis sie aufgegangen ist. Vögel lieben die Saatkörner und graben sie gerne aus.

Mai

Kohlrabi, Salat und Bohnen kommen Anfang Mai ins Beet. Die Bohnen solltest du auch mit Reisig oder Vlies gegen Vogelfraß schützen. Sollte es noch mal richtig Frost geben, decke das Beet mit einem Wärmevlies ab.

Tagetes und Kapuzinerkresse bitte erst NACH DEN EISHEILIGEN Mitte Mai auspflanzen.

Deine Zuckererbsen brauchen übrigens ein RANKGERÜST. Du kannst dafür ein schickes Teil basteln (siehe Seite 29) oder einfach Zweige gegeneinander in die Erde stecken. Es sollte nur stabil sein. Du wirst dich wundern, wie voll die Pflanzen hängen können.

ab Juni

Es hängt natürlich etwas vom Wetter ab, wann du LOSLEGEN kannst, aber irgendwann im Juni sollte es soweit sein. Die ersten Zuckererbsenschoten hängen an der Pflanze. Ernte sie regelmäßig durch, dann produzieren die Pflanzen immer neue Schoten. Sobald du Schoten ausreifen lässt, hören die Pflanzen damit auf.

Bei den Kohlrabi ernte ich jeden zweiten jung, dann haben die anderen mehr Platz zum Wachsen. Genau so mache ich es auch mit dem Salat.

Ringelblumen für Tee oder Salbe trocknen, Verblühtes regelmäßig rausschneiden, dann kommen immer neue Blüten nach. Kapuzinerkresse schmeckt gut im Salat, Blüten und Blätter sind essbar. Bei den Tagetes einfach die verblühten Blüten ausbrechen. Mit ihren Wurzeln sorgen die Pflanzen für einen gesunden Boden.

ab Juli

Sobald eine Reihe leer ist, wird nachgepflanzt oder gesät. Für die Kohlrabi kommt dann Pak Choi ins Beet, für den Kopfsalat Radieschen. Beides säe ich direkt ins Beet. Vorher bitte die Erde etwas auflockern und Wurzeln entfernen, falls die noch drin sind.

Spätestens Ende Juli erntest du erste Bohnen. Auch hier gilt, immer schön durchpflücken, dann kommen immer neue Schoten nach.

TIPP: Manche Buschbohnensorten werden recht hoch. Falls du dich für eine hohe Sorte entschieden hast, braucht sie eine Stütze, damit sie nicht über die anderen Reihen hängt.

Die Zuckererbsen haben trotzdem jetzt fertig. Ihren Platz nehmen drei vorgezogen gekaufte Brokkolipflanzen ein. Alternativ kannst du den Brokkoli Ende Mai selbst aus Saatgut vorziehen.

ab August

Jetzt ist die beste Zeit, um an den Winter zu denken. Dein Beet leert sich nach und nach, du kannst es dabei belassen oder du füllst die leeren Reihen mit Feldsalat und Spinat. Beides kannst du direkt säen. Feldsalat gibt es oft auch vorgezogen zu kaufen. Das ist praktisch, wenn du im September noch Lücken füllen möchtest.

Oktober – März

Ernte das verbliebene Gemüse nur an frostfreien Tagen. Pak Choi am besten vor dem ersten Frost. Brokkoli braucht gegebenenfalls eine Abdeckung mit einem Wärmevlies. Feldsalat und Spinat halten auch frostige Zeiten aus. Sobald sie wieder aufgetaut sind, sehen sie aus wie neu und schmecken auch so.

Für junges Gemüse
Sorten, die Kinder mögen

Gemüse beim Wachsen zuzusehen und es dann frisch aus dem Beet zu genießen, ist immer wieder ein Erlebnis für Groß und Klein. Ich hoffe, ich lehne mich mit dem Beet-Namen nicht zu weit aus dem Fenster, also zumindest meine Kinder mochten diese Sorten und ich hoffe mal, deine auch.

Das brauchst du als Saatgut:

IM MÄRZ

Zuckererbsen

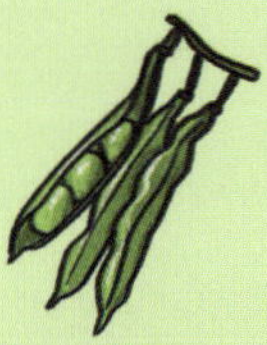
Buschbohnen

Möhren

Das brauchst du als Jungpflanzen:

IM MÄRZ

6x

Salat

5x

Kohlrabi

IM MAI

2x

Snackgurken

2x

Freilandtomaten

IM JULI & AUGUST

6x

Batavia-Salat

3x

Brokkoli

Au ja, haha! Erbsen mag ich am liebsten!
Hier, probier mal – ganz frisch!

DEINE TO-DOS IM JAHRESVERLAUF:

März

Zuckererbsen kannst du gut mit kleineren Kindern legen. Lass den Nachwuchs die Samen in einem Glas mit Wasser 2 Stunden lang einweichen. Samen, die nach 2 Stunden noch oben schwimmen, kannst du aussortieren und an die Vögel verfüttern. Die Saat im Beet mit Reisig abdecken, die Vögel geben sich nämlich nicht mit dem Ausschuss zufrieden.

Vermische die Möhrensamen vor der Aussaat mit 2 Esslöffeln Sand, dann bekommst du die Abstände besser hin. Wenn Möhren zu eng stehen, bleiben sie winzig. Falls sie trotzdem zu dicht aufgehen, musst du sie zeitig ausdünnen. Zwischen den Pflanzen sollte ein Abstand von ca. 5 cm sein. Lass die Saat auf keinen Fall austrocknen.

Kaufe Salat und Kohlrabi als Jungpflanzen. Beides bitte nicht zu tief pflanzen. Salat will im Wind wehen.

Mai

Im Mai kannst du erste Kohlrabi ernten. Ernte jeden zweiten, dann hat der Rest mehr Platz zum Wachsen. Genauso machst du es beim Salat. Wenn dir ein ganzer Kopfsalat zu viel ist, ernte einfach einzelne Blätter. Besonders gut geht das mit Sorten wie Eichblattsalat und Lollo Rosso.

Ab Ende Mai beginnt die Zuckererbsen-Ernte. Bitte pflücke sie regelmäßig durch, dann kommen viele neue nach.

Besorge dir Gurken und Tomaten als Jungpflanzen. Ich empfehle dir, gerade wenn du mit Kindern gärtnerst, eine Snackgurke. Die bekommt kleine Früchte, die schnell reifen. Bei den Tomaten suche auf jeden Fall nach Sorten, die fürs Freiland geeignet sind. Auch hier würde ich kleinfrüchtige Cocktailtomaten vorziehen. Die kannst du einfach früher und öfter ernten.

Sowohl die Gurken als auch die Tomaten brauchen eine Stütze. Für die Gurken empfehle ich dir das Bambusrankgerüst von Seite 29. Für Tomaten gibt es spezielle Spiralstäbe, aber du kannst auch einfach mehrere Bambusstäbe zu einer Pyramide binden und die Tomaten in der Mitte wachsen lassen. Tomaten werden hoch, die Stäbe sollten also mindestens 2 m lang sein.

Entferne bei deinen Tomaten regelmäßig die Geiztriebe. Das sind Triebe in den Blattachseln. Sie kosten die Pflanze unnötige Kraft.

Entferne bei Gurken und Tomaten Blätter, die nicht so gut aussehen, möglichst zeitig. Gurken bekommen bei trockenem Wetter gerne Mehltau. Tomaten dagegen bekommen bei feuchtem Wetter gerne Braunfäule. Die Blätter werden dann fleckig und braun. Wie du gegen beides vorgehen kannst, findest du auf Seite 123. Entferne außerdem alle Blätter unterhalb der ersten Früchte und entferne Geiztriebe weiterhin regelmäßig.

Juni & Juli

Sobald der Salat abgeerntet ist, nehmen Buschbohnen seine Stelle ein. Die musst du nach der Aussaat mit Reisig abdecken, sonst werden sie zu Vogelfutter. Sobald sie gekeimt sind, kannst du das Reisig wieder wegnehmen. Hohe Sorten musst du gegebenenfalls stützen, damit sie nicht über das andere Gemüse hängen. Suche am besten eine eher niedrige Sorte aus. Die Angaben dazu findest du auf der Saatguttüte (siehe Seite 36).

Der Kohlrabi macht Platz für Salat. Suche eine schossfeste Salatsorte wie Batavia-Salat aus oder falls der Kohlrabi lange auf dem Beet steht, kannst du alternativ mehrere Reihen Feldsalat pflanzen.

Die Zuckererbsen haben irgendwann keine Lust mehr, neue Schoten zu produzieren. Raus damit und rein mit Brokkoli-Jungpflanzen.

Ende Juli sind die Möhren dick genug. Du kannst die Dicke prüfen, indem du die Erde ein wenig zur Seite schiebst oder einfach immer mal wieder eine Möhre zur Probe erntest. Sie schmecken schließlich auch, wenn sie noch klein und dünn sind.

ab September

Die Gurken verabschieden sich und die Möhren sind auch geerntet. Den Tomaten gefallen die kalten Nächte gar nicht. Bei großen Temperaturunterschieden neigen die Früchte zum Platzen. Nimm die Pflanzen lieber raus. Auf Seite 90 findest du Tipps, wie die verbliebenen grünen Früchte nachreifen.

Du kannst die letzten Bohnen ernten oder die Schoten ausreifen lassen. Wenn sie ganz trocken sind, kannst du die Kerne entnehmen und fürs nächste Jahr zur Aussaat verwenden.

Der Brokkoli kann über Winter im Beet bleiben. Ernte einfach die große Rosette und lass den Rest stehen. In den Blattachseln bilden sich dann kleinere Rosetten, die du dann im Frühling ernten kannst.

Back to the Roots
Wurzeln, Knollen und Begleiter

Du schaust Gemüse gerne lange beim Wachsen zu? Dann ist dieses Beet genau das Richtige für dich. Schnell geht hier nichts, aber dafür lässt sich die Ernte gut lagern und lange genießen. Bis in den Frühling hinein kannst du diesem Beet immer wieder einen Besuch abstatten und frisches Wintergemüse auf den Teller bringen.

Das brauchst du als Saatgut:

Das brauchst du als Jungpflanzen:

Hey du, hast du Hunger?
Daraus mache ich Gemüsechips und Pulver für Gemüsebrühe im Dörrautomaten. Das wird gut! Und für DICH lasse ich mir auch noch was einfallen.

DEINE TO-DOS IM JAHRESVERLAUF:

März

Bis auf die Zwiebeln wird hier alles gesät. Bitte beachte die Angaben auf den Saatguttüten. Einen Tipp für die Aussaat der Möhren findest du auf Seite 100. Du kannst den Tipp auch bei den Pastinaken anwenden. Die Zwiebeln so stecken, dass die Spitze aus der Erde schaut und solange mit Reisig oder Vlies vor Vögeln schützen, bis sie austreiben.

Alles gut angießen und bis zur Keimung durchgehend feucht halten. Ansonsten kannst du dich zurücklehnen und wie gesagt, beim Wachsen zuschauen.

Mai

Ups, das ging aber jetzt doch schnell. Die Mairübchen machen ihrem Namen alle Ehre und sind erntereif. Die Blätter sind übrigens auch essbar, du kannst sie kleinschneiden und wie Spinat dünsten und zu Kartoffelpüree servieren.

Auch der Rettich sollte Ende Mai fertig sein. Er schmeckt roh im Salat oder gebraten in asiatischen Gerichten.

Falls deine Möhren zu dicht stehen, dünne sie bitte jetzt aus. Eine Pflanze alle 5 cm, dann werden sie schön dick. Das junge Möhrengrün und die winzigen Wurzeln sind essbar.

Juni

Im Juni kannst du erste Rote Bete nach Bedarf ernten, du kannst sie aber auch länger im Beet stehen lassen. Hier halten sie sich viel besser als im Kühlschrank. Die frei gewordenen Reihen füllst du jetzt mit Palmkohl und Chinakohl. Die gehören zwar weder zu den Wurzeln noch zu den Knollen, schmecken aber sehr gut dazu und vor allem kannst du sie im Juni als Jungpflanzen kaufen. Alternativ oder zusätzlich kannst du Feldsalat in die freien Reihen säen.

August

Die Möhren haben jetzt auch fertig. Ernte nach Bedarf und säe Spinat in die entstandenen Lücken. Spinat und Feldsalat kannst du den ganzen August hindurch säen. Wenn du darauf keine Lust hast, bedecke die freien Beetflächen alternativ mit Rasenschnitt oder anderem organischen Mulchmaterial (siehe Seite 66).

ab Oktober

Hallo Herbst, ist da noch wer? Du dachtest, die Schwarzwurzeln und Pastinaken werden niemals fertig? Sie brauchen wirklich lange, aber im Oktober, November ist es dann doch soweit. Du kannst sie nach und nach ernten, sie können Kälte und sogar Frost ab und sind im Beet solange gut aufgehoben, bis sie auf deinem Teller landen.

Oktober – März

Falls du Chinakohl gepflanzt hast, ernte ihn besser vor dem ersten Frost. Spinat, Feldsalat, und bis ca. -5 °C auch Palmkohl, sind frostfest. Ernten solltest du aber nur an frostfreien Tagen. Gefrorenes Gemüse verwandelt sich sonst in deiner Küche in grünen Matsch.

Aus dem Beet in den Mund
Zum Roh-Essen geeignet

Keine Lust zum Kochen? Kein Problem! Die Gemüsesorten, die in diesem Beet wachsen, kannst du allesamt roh genießen.

Das brauchst du als Saatgut:

IM MÄRZ

Radieschen

Möhren

Zuckererbsen

Pflücksalat

Das brauchst du als Jungpflanzen:

IM MAI

2x

Freilandtomaten

3x

Snackpaprika

2x

Snackgurken

IM JUNI/AUGUST

3x

Kapuzinerkresse

Ich kann es jedes Jahr kaum erwarten, bis die ersten Radieschen reif sind. Ich esse sie am liebsten mit Salz und etwas Butter!
Mein Highlight sind die Tomaten, frisch aus dem Garten. Es gibt nichts Besseres.

DEINE TO-DOS IM JAHRESVERLAUF:

März

An die Tüten, fertig, los! Radieschen, Möhren und Zuckererbsen keimen gut bei kühleren Temperaturen, der März ist genau ihre Zeit. Tipps für die Aussaat von Möhren findest du auf Seite 100.

Weiche Zuckererbsen vor der Aussaat ca. 2 Stunden in einem Glas mit Wasser ein. Samen, die nach 2 Stunden noch oben schwimmen, kannst du aussortieren, sie sind nicht mehr keimfähig. Saat im Beet mit Reisig abdecken, Vögel lieben Zuckererbsen. Denke später an ein Rankgerüst oder eine stabile Stütze.

Neben den Zuckererbsen ist Platz für eine Reihe Pflücksalat. Bedecke die Samen nur ganz leicht mit Erde. Gut andrücken, damit die kleinen Samen einen guten Kontakt zur Erde haben und bis zur Keimung gut feucht halten. Das gilt für alles, was du säst. Die Samen und auch die jungen zarten Pflanzen müssen immer gut mit Wasser versorgt werden. Später, wenn sie kräftige Wurzeln gebildet haben, holen sie sich Wasser aus der Tiefe, aber am Anfang darf die Erdoberfläche nicht austrocknen.

Mai

Mai ist das schön warm hier! Die Radieschen sind schon prall und rund. Ernte sie, solange sie klein und knackig sind, und bevor sie holzig werden.

Nach den EISHEILIGEN MITTE MAI dürfen die wärmeliebenden Tomaten, Paprika und Gurken ins Beet. Achte beim Kauf der Tomatenpflanzen darauf, dass sie freilandgeeignet sind. In feuchten Sommern bekommen sie sonst zu schnell Braunfäule. Ich habe gute Erfahrungen mit den Sorten "Zuckertraube" und "Primavera" gemacht. Beide haben kleine Früchte, die nach und nach reif werden und so für ein langes Erntefenster sorgen. Die Tomaten brauchen eine Stütze, ich finde die dafür angebotenen Spiralstäbe aus Metall gut geeignet, du kannst aber auch einen Bambusstock nehmen und die Pflanze daran festbinden. Bitte entferne regelmäßig die Geiztriebe in den Blattachseln deiner Tomatenpflanzen, dann bleibt es übersichtlicher und luftiger im Beet und deine Tomaten bleiben länger gesund.

Mai

Bei Paprika und Gurke empfehle ich dir, zu Snacksorten zu greifen. Sie bilden kleine Früchte, die schneller reif werden als zum Beispiel Schlangengurken oder Blockpaprika. Wenn du regelmäßig erntest, kommen immer neue Früchte nach, die du über einen langen Zeitraum immer wieder frisch vom Beet genießen kannst. Gurken brauchen eine Rankhilfe. Ich verwende dafür gerne Bambusstäbe, die ich wie eine Pyramide um die Pflanze herum stecke und oben zusammenbinde. Je nach Gurkensorte halten sich die Ranken selbst daran fest oder du musst sie zumindest am Anfang mit etwas Seil daran fixieren. Bei Paprika reicht ein Bambusstab, an dem du die Pflanze während sie wächst mehrmals festbindest.

Apropos genießen: Die ersten Zuckererbsen sollten Ende Mai erntereif sein. Schau sie regelmäßig durch und ernte die Schoten jung, dann kommen immer neue Schoten nach. Pflücksalat kannst du sicher auch schon ernten. Immer nur die äußeren Blätter abpflücken und falls die Pflanzen zu dicht stehen, auch mal ganze Pflänzchen entfernen.

ab Juli

Im Ernteglück: Tomaten und Snackgurken kannst du wahrscheinlich ab Juli ernten. Bis die ersten Paprika reif sind, dauert es etwas länger. Wie lange du noch Zuckererbsen und Pflücksalat ernten kannst, hängt von den Temperaturen ab. Wenn es zu heiß wird, schießt der Salat und die Erbsen bilden keine neuen Blüten mehr. Dann wird es Zeit für einen Wechsel im Beet.

In frei gewordene Reihen kannst du Kapuzinerkresse pflanzen. Es gibt rankende und buschig wachsende Sorten. Schau mal, was du in der Gärtnerei deines Vertrauens bekommst. Bei rankenden Pflanzen reichen drei, wenn du buschig wachsende kaufst, kannst du auch sechs pflanzen. Alles an der Kapuzinerkresse ist essbar. Blätter und Blüten kannst du roh genießen. Ich liebe ihre Schärfe. Knospen und Samen kannst du als falsche Kapern einlegen.

Gesunde Proteine naschen
Vegane Power aus deinem Beet

Bei Popeye ließ Spinat aus der Dose die Muckies wachsen, in diesem Beet wächst er frisch und in Kombination mit proteinreichen Gemüsesorten. Lecker!

Das brauchst du als Saatgut:

IM FEBRUAR

Dicke Bohnen

IM MÄRZ

Spinat

Zuckererbsen

IM MAI

Buschbohnen

Kichererbsen

Futter?
Futter?
Futter?
Futter?
Futter?
Futter?
Futter?
Futter?
Futter?

DEINE TO-DOS IM JAHRESVERLAUF:

Februar

Zieh dich warm an! Dicke Bohnen sät man so früh wie möglich. Dann wachsen sie der Schwarzen Bohnenlaus davon. Die mag Dicke Bohnen nämlich fast noch lieber als ich und du. Also Anfang Februar, wenn der Boden frostfrei ist, dürfen die großen Bohnensamen ins Beet. Einfach eine 2 bis 3 cm tiefe Rille ziehen und die Samenkörner darin nach Packungsanweisung versenken.

Saat am besten abdecken (z. B. mit Vlies oder Reisig), um sie vor Vogelfraß zu schützen. Angießen ist um diese Jahreszeit nicht nötig, es ist meistens feucht genug, aber die Saatrille andrücken schon, damit die Samen einen guten Kontakt zum Boden bekommen.

März

Es riecht nach Frühling, zumindest an manchen Tagen. Jetzt kommt der Spinat ins Beet und auch für die Zuckererbsen wird es Zeit. Weiche sie ein paar Stunden vor der Aussaat in Wasser ein. Dann finden die Vögel sie zum einen nicht mehr so attraktiv und zum anderen keimen sie schneller. Abdecken ist trotzdem eine gute Idee. Zuckererbsen brauchen auch, je nach Sorte, eine stabile Rankhilfe.

Drücke die Erde über den Samen leicht an und gieße alles gründlich. Die Keimlinge der Dicken Bohnen könnten inzwischen schon zu sehen sein, sie freuen sich jetzt auch über einen Schluck aus der Gießkanne.

Mai

Während die Dicken Bohnen mit Kälte gut klarkommen, mögen Buschbohnen und Kichererbsen lieber in einen bereits aufgewärmten Boden gesät werden. Anfang Mai herrschen für sie die besten Bedingungen für einen schnellen Start.

Mai

Buschbohnen lege ich am liebsten in Horsten (Seite 40) dann stützen sie sich gegenseitig ein wenig. Je nach Sorte brauchen sie aber dennoch eine Stütze, genauso wie die Kichererbsen. Ich verwende gerne Bambusstäbe rechts und links entlang der Reihe mit einer Querstange fixiert. Weiche Kichererbsen vorm Säen 2 Stunden in Wasser ein, das beschleunigt den Keimvorgang. Auch diese Saat musst du mit einem Vlies oder mit Reisig vor Vogelfraß schützen. Erbsen- und Bohnensamen sind bei Vögeln wirklich ausgesprochen beliebt. Ich habe manchmal das Gefühl, dass sie mich beim Säen beobachten und die Beute bereits unter sich aufteilen.

Gieße die neu gesäten Reihen gut an. Die Dicken Bohnen blühen inzwischen wahrscheinlich schon und vom Spinat kannst du schon ein erstes Mal ernten. Entweder erntest du einzelne Blätter (Herz stehen lassen) oder du schneidest die Pflanze in ca. 5 cm Höhe ab, sie wird dann noch einmal austreiben.

ab Juni

Ab Juni kannst du nicht nur Spinat sondern auch Dicke Bohnen ernten. Schneide die Spitze der Bohnenpflanzen ab, dann konzentrieren sie sich auf die Produktion von großen Schoten. Falls sie von der Schwarzen Bohnenlaus befallen sind, keine Panik. Meist erledigen Marienkäfer das. Du kannst die Läuse auch mit einem scharfen Wasserstrahl abspülen.

Die Zuckererbsen sind jetzt auch reif. Pflücke die Schoten regelmäßig, dann kommen über einen langen Zeitraum neue Schoten nach.

Die Buschbohnen- und Kichererbsen-Ernte beginnt im Juli und ab da gibt es auch erste Lücken im Beet. Du kannst alle frei gewordenen Flächen nach und nach mit Spinat einsäen. Er bedeckt den Boden in deinem Beet, du musst weniger gießen und du kannst ihn den ganzen Winter hindurch ernten.

Herrlich würzig
Kräuter, Zwiebeln, Knobi & Sellerie

Du magst kräftige Aromen auf dem Teller? Dann zieh sie dir doch selbst.
Auf diesem Beet wachsen Kräuter und Gemüse mit intensivem Geschmack.

Das brauchst du als Saatgut:

IM OKTOBER

10x  Knoblauchzehen

IM MÄRZ

15x 
Steckzwiebeln

Petersilie

Rucola

Frühlingszwiebeln

Das brauchst du als Jungpflanzen:

IM MÄRZ

3x 
Stangensellerie

1x 
Koriander

2x 
Kümmel

IM MAI

5x 
Basilikum

Den Pflänzchen beim Wachsen zusehen zu dürfen ist so ein wundervolles Geschenk.
Da sagst du was. Und dann dieses Aroma, unbezahlbar.

DEINE TO-DOS IM JAHRESVERLAUF:

Oktober oder Januar

Knoblauch schmeckt nach Sommer, wird aber entweder schon im Oktober oder im Januar, wenn die Erde frostfrei ist, gesteckt. Zehn Zehen passen auf einen Meter, stecke sie 2 cm tief. Aus großen Zehen werden später große Knollen und umgekehrt. Decke das Beet am besten mit einem Vlies ab. Das schützt vor hungrigen Gartenbewohnern und vor zu viel Feuchtigkeit.

März

Die Steckzwiebeln folgen dann im März, sie sollten mit der Spitze aus der Erde schauen. Auch hier würde ich in den ersten Wochen das Vlies als Schutz drauflassen, bis die Zwiebeln angewachsen sind. Das erkennst du daran, dass sich ein grüner Trieb zeigt.

Zusammen mit den Steckzwiebeln kannst du auch direkt die Petersilie (ich bevorzuge glatte Sorten, die haben mehr Aroma) und den Rucola säen. Gieße die Reihen gut an, unter dem Vlies bleiben sie auch schön feucht. Ich habe neben den Steckzwiebeln auch Frühlingszwiebeln für dieses Beet vorgesehen. Die werden zur gleichen Zeit gesät, zur der die Steckzwiebeln gesteckt werden. Von den einen erntest du im Herbst große Zwiebeln, die anderen versorgen dich über einen langen Zeitraum mit aromatischen Zwiebelschloten.

Stangensellerie, Koriander und Kümmel kannst du Ende März vorgezogen kaufen und sobald das Vlies weg ist, ins Beet pflanzen.

Mai

Basilikum mag es gerne warm. Warte bis nach den Eisheiligen Mitte Mai bis du vorgezogene Pflanzen kaufst und ins Beet setzt. Bitte nicht das Supermarkt-Basilikum kaufen. Das wurde zu schnell zu groß und eignet sich nicht fürs Beet. Im Gartencenter gibt es Basilikum in kleinen Pflanzschalen oder am allerbesten in Pflanzwürfeln. Der Vorteil: Du kannst verschiedene Sorten, rote, grüne, mit kleinen und mit großen Blättern, mischen. Das bringt mehr Vielfalt ins Beet und auf deinen Teller.

Mai

Dein Beet ist jetzt voll bepflanzt und erfreut dein Auge. Bis alles, was du gesät und gepflanzt hast, auch deinen Magen erfreut, dauert aber noch ein bisschen. Am schnellsten kannst du vom Rucola ernten. Entweder du erntest einzelne Blätter (Herz stehen lassen) oder du schneidest die Pflanze in ca. 5 cm Höhe ab und sie wächst noch einmal nach.

ab Juni

Der Koriander ist jetzt gut angewachsen und du kannst immer wieder einzelne Stiele ernten. Wenn du es auf die Samen abgesehen hast, musst du natürlich die Blüte und die Samenreife abwarten. Die Petersilie sollte inzwischen auch kräftig genug sein, dass du dich nach Belieben daran bedienen kannst. Von den Frühlingszwiebeln kannst du nach Bedarf einzelne Schloten in Erdnähe abschneiden.

Schau auf Seite 83 nach, wie man Basilikum richtig erntet. Lass es auf keinen Fall blühen, denn dann kommen keine neuen Blätter mehr nach. Der Kümmel blüht wunderschön und zieht dabei viele nützliche Insekten an. Sobald sich die Dolden braun färben, kannst du sie abschneiden und zur Samenernte kopfüber trocknen. Sollte dein Knoblauch Blüten bilden, schneide sie ab, damit die ganze Kraft in die Knolle geht. Die Knospen schmecken übrigens sehr fein, kurz in der Pfanne gedünstet, zu Nudeln mit Tomaten-Sugo. Sobald sich die Schloten gelb färben, ist der Knoblauch ausgewachsen und du kannst die Knollen ernten.

ab August

Im August und September kannst du dann auch endlich den Stangensellerie und die Steckzwiebeln, die hoffentlich ordentlich groß geworden sind, ernten. Lass die Zwiebeln ein paar Tage an einem sonnigen trockenen Ort liegen, dann lassen sie sich länger lagern.

WAS TUN, WENN?

DIE ERDE EINSACKT?
SEITE 120

SCHARRENDE VÖGEL AUFTAUCHEN?
SEITE 120

DIE ERDE SCHNELL AUSTROCKNET?
SEITE 121

LÖCHER & ERDHAUFEN ZU SEHEN SIND?
SEITE 121

ES IM BEET ZU ENG WIRD?
SEITE 122

DIVERSE ANDERE UNGEBETENE GÄSTE VORBEIKOMMEN?
SEITE 122 & 123

Was tun, wenn …
Häufige Probleme und ihre Lösung

… die Erde in deinem Hochbeet einsackt?

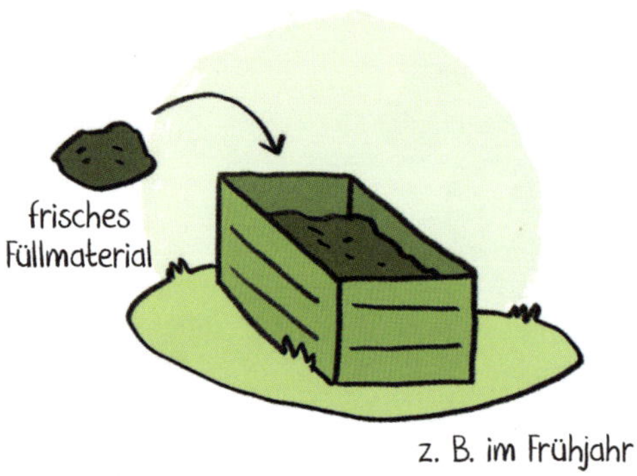

Das ist normal und liegt am speziellen Aufbau eines Hochbeetes. Das Füllmaterial sackt pro Jahr etwa 15 bis 20 cm zusammen. Fülle die Erde am Ende der Saison, wenn du das Beet leergeräumt hast, oder besser noch im Frühjahr, bevor du das Hochbeet neu bepflanzt, auf.

… Vögel in deinem Hochbeet scharren?

Lockere Hochbeet-Erde zieht Vögel magisch an. Hier lässt es sich viel einfacher nach Würmern scharren, als in verdichteter Erde. Schütze frische Saat mit einem Brett oder mit Reisig (Seite 75). Gegen gefräßige Tauben helfen selbst gebaute Glocken aus Hasendraht (Seite 74). Freie Erde kannst du einfach mit Pappe abdecken. Das Problem löst sich von selbst, wenn deine Pflanzen groß werden und die Reihen schließen.

... die Erde in deinem Hochbeet schnell austrocknet?

Durch die Wände erwärmt sich die Erde im Hochbeet schneller als in erdgebundenen Beeten. Das ist im Frühjahr und Herbst von Vorteil, das Gemüse wächst früher und länger. Im Sommer bedeutet das aber zusätzlichen Gießaufwand. Drei Tipps für eine gute Wasserversorgung:

Erhöhe die Wasserspeicherfähigkeit deiner Erde, indem du Urgesteinsmehl und Terra Preta beim Füllen untermischst.

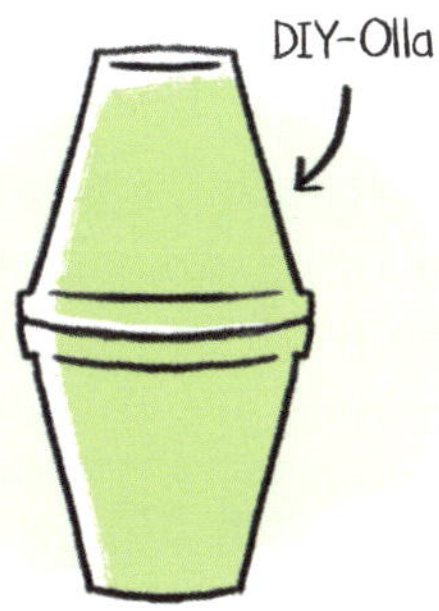

Investiere in ein Bewässerungssystem. Die Basis-Variante kannst du selbst machen (Seite 65). Für die fortgeschrittene Variante verlegst du Tropf- oder Perlschläuche in deinem Hochbeet (Seite 65). Wir fahren damit sehr gut, der Wasserverbrauch ist im Vergleich zur Bewässerung mit Gießkanne sehr niedrig.

Mulche dein Beet, damit die Feuchtigkeit nicht so schnell verdunstet (siehe Seite 66).

... du armdicke Löcher und riesige Erdhaufen im Hochbeet hast?

Da ist wahrscheinlich eine Wanderratte am Werk. Wanderratten fressen nicht an den Wurzeln, sie schädigen die Pflanze nur dadurch, dass die Wurzeln durch ihre Grabetätigkeit in der Luft hängen. Wir konnten die lästigen Wühler mit einer Abdeckung aus Hasendraht vom Einzug abhalten. Dafür haben wir das ganze Hochbeet mit dem Draht bedeckt. Blattgemüse kann einfach durch die Löcher wachsen. Für Fruchtgemüse musst du die Löcher eventuell etwas erweitern. Wurzelgemüse kannst du so leider nicht anbauen, würde schwierig mit der Ernte. Aber lieber keine Ratten als keine Karotten.

... Ameisen sich ein Nest in deinem Hochbeet bauen?

Ameisen bauen gerne dort, wo es warm und trocken ist. Ränder und Ecken im Hochbeet bekommen oft kein Gießwasser ab, optimal für Ameisen auf Wohnungssuche. Zuerst einmal: Ameisen sind lästig, richten aber selten Schaden an. Du kannst sie einfach mithilfe eines Tontopfs umsiedeln (Seite 71). Damit sie nicht wieder ins Hochbeet einziehen, auch am Rand und in der Ecke gießen und immer mal die Erde leicht bewegen.

... Schnecken in deinem Hochbeet ein Fest feiern?

Eigentlich lassen sich Nacktschnecken im Hochbeet gut kontrollieren. Wenn sie in Massen auftreten, passiert das meist durch Gelege im Kompost. Einmal drinnen, sind sie im Paradies. Absammeln hilft da wenig, gerade bei sehr kleinen Schnecken, die man schwer findet. Ein paar Körnchen biologisches Schneckenkorn (Eisen-III-Phosphat) sind in dem Fall eine wir-kungsvolle und ökologisch vertretbare Alternative.

... du den Platzbedarf einzelner Sorten falsch eingeschätzt hast?

Dein Gemüse steht zu eng. Eine Sorte nimmt der anderen den Platz weg und überwuchert sie. Pflanzabstände einhalten ist die Königsdisziplin im Garten. Wenn du dich an die Angaben bei den Musterbeeten hältst, kann dir das nicht passieren. Ich habe die Sorten so kombiniert, dass alle ausreichend Platz zum Wachsen haben.

... du bei der Ernte auf dicke weiße Engerlinge stößt?

Keine Sorge, sehr wahrscheinlich sind das die Larven des Rosenkäfers. Sie ernähren sich von abgestorbenen Pflanzenresten, an deinen Pflanzen sind sie nicht interessiert. Siedle sie einfach in den Kompost um. Dort fühlen sie sich wohl und über diesen Weg sind sie wahrscheinlich auch im Hochbeet gelandet. Wenn du Zweifel hast, schau wie die Engerlinge sich fortbewegen. Rosenkäfer-Engerlinge drehen sich auf den Rücken, strecken ihre drei Beinpaare in die Luft und bewegen sich raupenartig vorwärts.

Bonustipp: Mehltau und Braunfäule bekämpfen

Mehltau und Braunfäule sind Pilzerkrankungen, die natürlich nicht nur im Hochbeet auftreten können. Ärgerlich sind sie trotzdem. Deswegen gebe ich dir hier zwei Methoden an die Hand, mit denen du die Erreger in Schach halten kannst:

Gurken bekommen bei trockenem Wetter gerne MEHLTAU. Das ist ein milchiger Belag auf der Blattoberseite, der sich leicht wegwischen lässt. Falls das passiert, besprühe die Blätter einmal pro Woche mit einer Mischung aus 1 Päckchen Backpulver, 2 Liter lauwarmem Wasser und 20 ml Rapsöl.

Tomaten dagegen bekommen bei feuchtem Wetter gerne BRAUNFÄULE. Die Blätter werden dann fleckig und braun. Auch hier hilft Backpulver. Mische 1 Esslöffel mit 1 Liter Wasser und sprühe die Blätter ordentlich ein. Entferne außerdem alle Blätter unterhalb der ersten Früchte und entferne Geiztriebe weiterhin regelmäßig.

Bezugsquellen

Saatgut

www.biogartenversand.de
www.keimzeit-saatgut.de
www.dreschflegel-saatgut.de
www.bingenheimersaatgut.de

Pflanzen

www.biogartenversand.de
www.peragashop.com
www.gemueseprofi.de

Gartengeräte

www.krumpholz-gartenwerkzeug.de

Erde

www.patzer-erden.de
www.pflanzenkohle.de

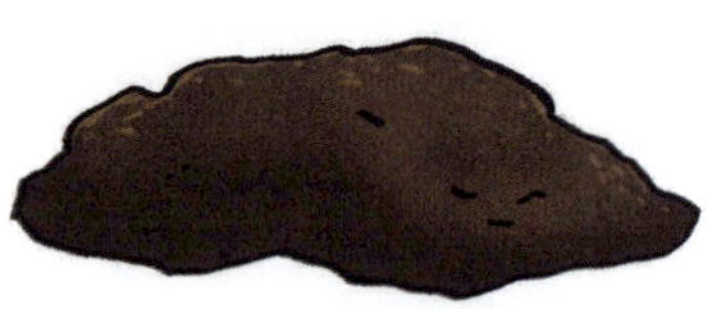

Nützlinge

www.wurmwelten.de
www.futura-shop.de

Register

Fette Seitenzahlen verweisen auf Abbildungen.

Impressum

Mit 331 Illustrationen von Véro Mischitz.

Umschlaggestaltung: Véro Mischitz
unter Verwendung von Illustrationen von Véro Mischitz.

Der Inhalt dieses Buches ist sorgfältig recherchiert und erarbeitet worden. Dennoch können weder Autorinnen noch Verlag für alle Angaben im Buch eine Haftung übernehmen.

Unser gesamtes Programm findest du unter kosmos.de
Über Neuigkeiten informieren dich regelmäßig unsere Newsletter, einfach anmelden unter kosmos.de/newsletter

MIX
Papier | Fördert gute Waldnutzung
FSC® C110508

Gedruckt auf chlorfrei gebleichtem Papier

ISBN: 978-3-440-18357-1
Projektleitung/Redaktion: Birgit Grimm
Gestaltungskonzept und Satz: Véro Mischitz
Produktion: Klaus Jost
Druck und Bindung: Westermann Druck Zwickau GmbH, Zwickau
Printed in Germany / Imprimé en Allemagne

Weitere Bücher von Anja und Véro

128 Seiten

Wenn du ein bisschen mehr Natur in dein Leben lassen willst, bist du bei Insekten und ihrer Lebenswelt genau richtig. Entdeckungen gibt es dort überall zu machen und das ohne großen Aufwand. Ich werfe hier einen Blick unter die Lupe und zeige dir, wieso Insekten bunt schillern und wie man sie überhaupt auseinanderhält.

128 Seiten

Ein unterhaltsamer Einstieg in das Reich der rätselhaften Fadenwesen, seit die Gletschermumie Ötzi noch mit Birkenporling und Zunderschwamm durch die Alpen stiefelte. Es ist ein unvergleichliches Vergnügen sie zu suchen, zu bestimmen und zu sammeln – und manche von ihnen zu verspeisen.

144 Seiten

Selbst auf wenigen Quadratmetern kann ein wunderschöner Nutz- und Wohlfühlgarten entstehen. Ich nehme dich Schritt für Schritt mit beim Planen, Säen, Pflanzen, und natürlich Ernten. Bedien dich frei aus zehn Modulen und freu dich schon bald über einen gefüllten Erntekorb oder bunte Blumen für deine Vase.

192 Seiten

Pflanz dich froh! Meine Tipps für einen Gute-Laune-Garten. Denn Gärtnern funktioniert auch ganz ohne Perfektionismus. Mit DIY-Projekten, Rezepten und Anekdoten aus meinem Schrebergarten, über den ich auf „derkleinehorrorgarten" blogge.